しくみ図解

ワイヤレスが一番わかる

広がりを見せるワイヤレスの世界
わかりやすい無線技術

小暮裕明
小暮芳江 著

技術評論社

はじめに

　世界の人口爆発を示すグラフを見ると、マクスウェルが電磁波を予言し、ヘルツがその存在を実証した1800年代や、マルコーニが遠距離通信を商用化した1900年代あたりから、急激に右肩上がりになっていることがわかります。ヘルツの実験の翌年（1889年）には、日本で長岡半太郎博士がヘルツ・ダイポールを使った追試を紹介していますが、電波利用の黎明期は、電波という貴重な資源を厳しく管理することもなく、おおらかな時代でした。

　筆者らは長年アマチュア無線を趣味としていますが、1960年代に登場したSSB（Single Side Band）まではなんとか工作できました。DSP（Digital Signal Processor）が登場した1990年代からはメーカー製の無線機にゆだね、自作の興味がアンテナに移ってしまったのを思い出します。しかしその後わずか20年で、スペクトル拡散やOFDM、CDMA、TDMA、MIMOといった高度な技術が、あっけなく小さな携帯機に詰め込まれてしまいました。こうなると、私たちはそれぞれの要素技術を追いかける間もなく、ワイヤレスの世界は完全にブラックボックス化したかにも見えます。

　高度化のスピードはまるで人口爆発の急カーブのようですが、もれなく世界のユーザが使いこなせるようになったのは、故スティーブ・ジョブスの革新的なアイデアのおかげかもしれません。

　本書は、ブラックボックス化したワイヤレスの世界をのぞき込むことにあえてチャレンジしています。ケータイやスマホを使って電波は不思議だと少しでも感じたら、また見えない電波のことを知りたいと思ったら、是非本書をひもといてワイヤレスの世界に浸ってください。高度な技術も、諸先輩方の飽くなき探究につながっていると実感できるはずです。

小暮裕明 JG1UNE・小暮芳江 JE1WTR

ワイヤレスが一番わかる

目次

はじめに……………3

第1章 ワイヤレスの基礎知識…………9

- 1 ファラデーの電磁誘導の発見……………10
- 2 マクスウェルの大予言……………12
- 3 ヘルツの実験……………17
- 4 マルコーニの遠距離通信……………21
- 5 テスラの公開無線伝送実験……………24
- 6 電波とは……………26
- 7 ワイヤレス通信の歩み……………33
- 8 ワイヤレスとアンテナ……………36
- 9 ワイヤレス技術の進化……………40
- 10 ワイヤレスの通信距離……………47
- 11 ワイヤレスの通信速度……………49
- 12 ワイヤレスの消費電力……………52
- 13 光による通信……………55
- 14 ワイヤレスLANの普及……………58
- 15 様々なワイヤレス・システム……………61
- 16 ワイヤレスで広がる世界……………64

CONTENTS

第2章 ワイヤレスの不思議……………65

1 音を伝えるしくみ……………66
2 画像を伝えるしくみ……………69
3 動画を伝えるしくみ……………72
4 電力を伝えるしくみ……………74
5 デジタル化の流れ……………78
6 大容量のデータを送信する……………80
7 電子機器間での電波干渉……………82
8 電波の混信……………84
9 電波とノイズ……………86
10 周辺機器へ与える影響……………88

第3章 広がるワイヤレス技術……………91

1 赤外線ワイヤレス……………92
2 ワイヤレスマイク……………94
3 コードレス電話と携帯……………95
4 ワイヤレスUSB……………97
5 ワイヤレスシアター……………100
6 ワイヤレスTV……………101
7 ワイヤレス防犯カメラ……………103
8 ワイヤレスヘッドフォン……………104
9 ワイヤレスマウス……………107
10 ワイヤレスキーボード……………108
11 3GワイヤレスWAN……………109

- 12　ワイヤレス・ルーター･････････････110
- 13　ワイヤレス・プリンター･････････････112
- 14　ワイヤレス充電･････････････113
- 15　医療のワイヤレス化･････････････115
- 16　ワイヤレス・テレメトリー･････････････118
- 17　高速ワイヤレス通信･････････････121
- 18　多様化するワイヤレス・ネットワーク･････････････126
- 19　ZigBeeによるワイヤレスシステム･････････････127

第4章　ワイヤレスを安全に利用する･････････････129

- 1　セキュリティ対策･････････････130
- 2　暗号化通信･････････････134
- 3　電波の周波数が不足している･････････････135
- 4　電波法違反？･････････････137
- 5　電波監理とは･････････････140
- 6　電波を監視するシステム･････････････141
- 7　電波の不法な使い方<違法電波>･････････････144
- 8　電波障害とその対策･････････････146
- 9　技適マーク･････････････150
- 10　無線基地局･････････････151
- 11　安全なワイヤレスの利用･････････････152

CONTENTS

第5章 ワイヤレスの標準 ………… 153

1 世界標準規格 ………… 154
2 通信規格の世代とは ………… 155
3 無線通信の国際標準 ………… 161
4 無線通信のプロトコル ………… 166
5 様々な無線規格 ………… 171
6 電気通信事業者 ………… 180
7 電波法を知る ………… 182
8 電波の利用料金 ………… 184

第6章 次世代ワイヤレス技術 ………… 185

1 スマート・アンテナ ………… 186
2 次世代のワイヤレスLAN ………… 190
3 クラウド端末 ………… 195
4 4G（第4世代）携帯電話の実用化 ………… 197
5 次世代高速無線通信技術 ………… 198
6 次世代道路交通システム ………… 202
7 快適な電波利用社会 ………… 208
8 進化を続けるワイヤレスの世界 ………… 209
9 ワイヤレス通信の近未来 ………… 211

用語索引 ………… 213
参考文献 ………… 223

コラム｜目次

- 空間を伝わる電気の発見……………30
- 電気の真価……………46
- ニュートリノは光速を超えるか？……………51
- ポインティング電力とは？……………54
- 光も電磁波の一種……………57
- 情報量の計算……………71
- RFIDタグの普及……………77
- 磁界を検出するアンテナ……………143
- 小型・内蔵アンテナのむずかしさ……………160
- 技術革新の速度……………170
- 環境の悪さを逆手にとる技法……………179

第1章

ワイヤレスの基礎知識

　ワイヤレスはwire（線）がless（無い）、すなわち無線という意味です。パソコンにつながるさまざまなケーブルがなくなれば、デスクの周りはすっきりします。またテレビやオーディオ機器の接続がワイヤレスになれば、複雑な配線にわずらわされることもなくなるでしょう。
　本章は、ワイヤレス技術の生い立ちをたどりながら、さまざまな機器がワイヤレス化されていく歩みをふりかえります。

1-1 ファラデーの電磁誘導の発見

●磁気は作れる

　デンマークの物理学者**エルステッド**（1777〜1851年）は、図1-1-1のような装置で、電流が流れる周りに磁力が発生することを発見しました。これは電線に電流を流すと磁針が動くという簡単な装置ですが、彼はこの現象について十分な説明を行いませんでした。しかしこの発見は、その後の電磁気学発展のきっかけとなるものでした。

　このエルステッドの実験をもとに、フランスの物理学者**アンペア**（フランス語読みは**アンペール**）（1775〜1836年）は、磁針の動く方向が電流の流れている方向に関係することを発見しました。

　これは**アンペアの右ねじの法則**で、図1-1-2に示すように、ねじの進む方向に電流の向きをとると、ねじの回転方向が**磁力線**の向きになるというものです。

　図1-1-2は1回巻きの**コイル**と考えられますが、多巻きのコイルでも、電流を流すとやはり磁力線がコイルの周りに発生します。

　1600年ころ、イギリスの医師で物理学者のウィリアム・**ギルバート**（1540〜1603年）は、「なぜ磁石は北を指すのか」という質問に、それは「地球が磁石になっているから」と答えましたが、それから200年近く経っ

図1-1-1　エルステッドの実験

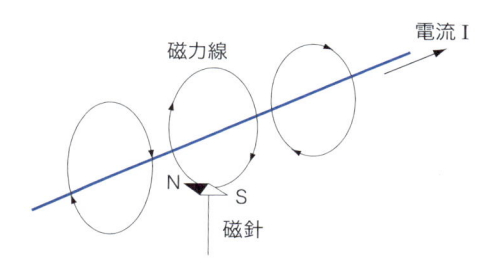

図1-1-2　アンペアの右ねじの法則

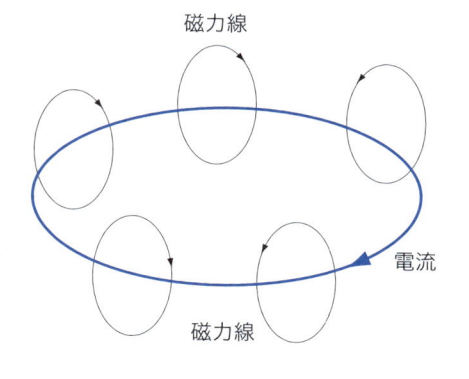

て、われわれ人類は、電気で磁気を作れることをようやく発見したのです。

●ワイヤレスの元祖？

イギリスの物理学者**ファラデー**（1791〜1867年）は、「電流から磁気がつくれる（エルステッドやアンペア）」のであれば、逆に「磁気から電流がつくれるのではないか」と考えました。

図1-1-3に示すような磁力線の束Φ（ファイ）が増加するとEの向きに起電力が生じ、この起電力によって電流が流れたとすると、**磁束Φ'**ができることになります。

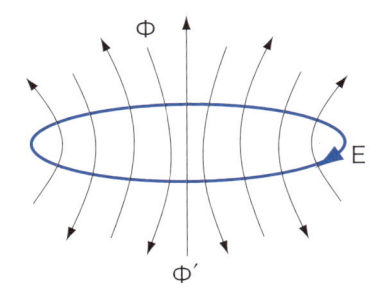

ファラデーは、コイルの中で磁石を出し入れすると電気が発生するという**電磁誘導**を発見しましたが、図1-1-4は、彼がそのときに実験していた装置を簡略化したものです。

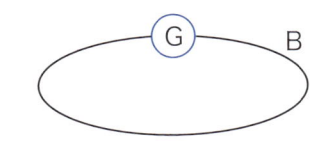

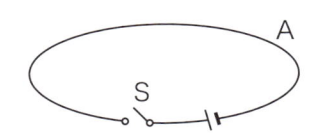

この回路でスイッチSを閉じてAに電流を流すと、その瞬間検流計Gが振れますが、しばらくするとGの振れはなくなります。つぎにSを開いた瞬間Gが振れるが、電流の向きはSを閉じるときと開くときとでは反対である、ということがわかりました。当時の電源はボルタが開発した電堆で、これは乾電池の元祖なので、直流電源です。

図1-1-3 ファラデーの電磁誘導の法則

図1-1-4 ファラデーの電磁誘導の実験

ここで重要なのは、微小時間にコイルAの磁束が変化することにより、もう一方のコイルBにエネルギーが伝わるという発見です。つまり、直流ではなく交流の電源によって初めて電磁誘導が生じるということです。彼は、また電気分解の**ファラデーの法則**（1833年）や自己誘導の発見（1834年）でも有名で、**静電容量（キャパシタンス）**の単位**F（ファラッド）**は、彼の名にちなんでいます。

1-2 マクスウェルの大予言

●ファラデーの力線を学んだマクスウェル

イギリス(スコットランド)の物理学者、ジェームス・クラーク・**マクスウェル**(1831～1879年)は、小さいときから絵を描いて一人遊びに夢中になる少年でした。いくつもかみ合った時計の歯車はどちらに回ってどのように力が伝わるのか。「なぜだろう?」「どうして?」と立て続けに質問するジェームス少年は、大人になっても素朴な疑問を持ち続けました。

ファラデーが考案した**磁力線**(図1-2-1)は、電磁誘導という現象を「絵」で説明しています。マクスウェルは、図解だけでなく数学も得意だったので、磁力線の絵をなんとか数式で解くことに努め、1857年『ファラデーの力線について』という論文を発表しました。

図1-2-1 ファラデーが考案した磁力線

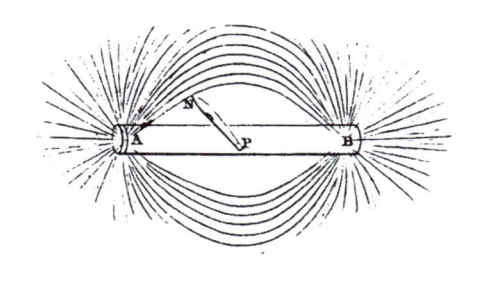

この論文を読んだファラデーからお礼の手紙をもらったことで交流が始まり、その後1861～64年に『物理学的力線について』と『電磁場の力学理論』を発表してマクスウェルの方程式を導き、ついに「電波が発生する」ことが予言されたのです。

●マクスウェルはまず絵で考えた

ファラデーの電磁誘導は、「磁場の変化で起電力が生じて誘導電流が生まれる」ということです。マクスウェルはこれをなんとかイメージするために、得意の図解を使ってかみ合う歯車を考えてみました。このとき彼は、おそらく少年時代に夢中で描いた時計の歯車の絵を思い出していたのでしょう。

図 1-2-2　棒磁石の周りに配置された小さな磁針（ドイツ博物館にて筆者写す）

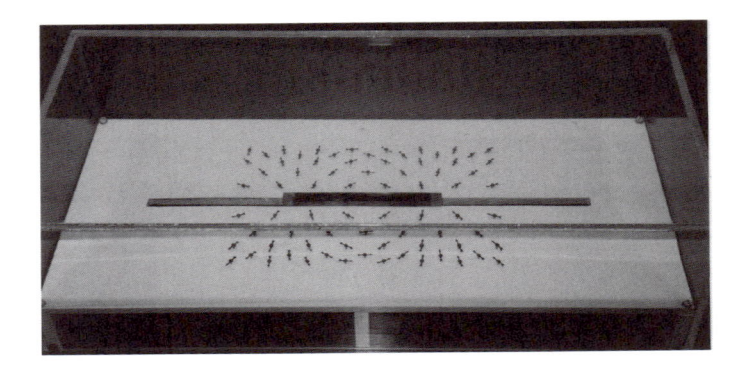

　ファラデーは、コイルの周りに磁力線の渦巻きができることを絵で示しました（図1-2-3）。磁力線は、束になっている隣同士が同じ向きになりますが、マクスウェルはこれを図1-2-4（a）に示す「磁力線の渦」の回転で表そうとしました。ところが、これを歯車で図1-2-4（b）のようにすると、Aに対してBは逆回転してしまいます。

図 1-2-3　コイルの周りの磁力線

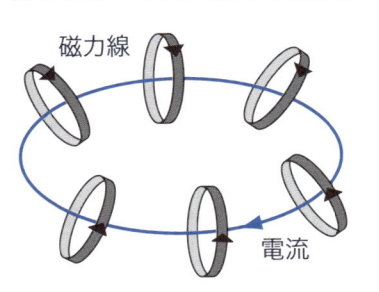

図 1-2-4　マクスウェルが描いた歯車による「磁力線の渦」のモデル

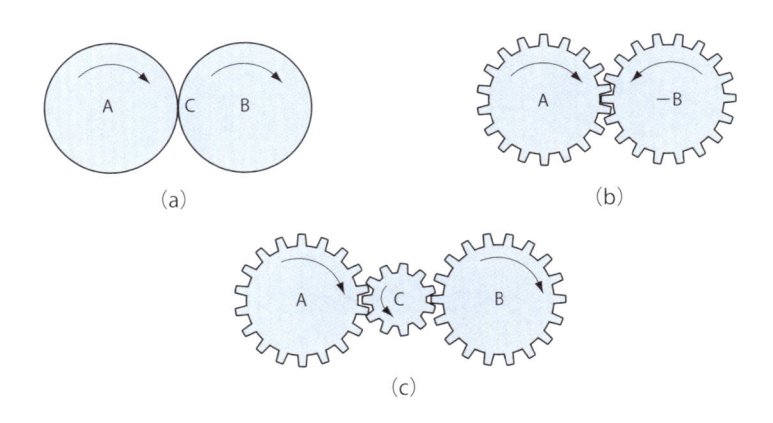

1・ワイヤレスの基礎知識

そこで図1-2-4（c）のように、中間に小さな「遊び歯車」Cを組み込むことで、隣り合ったAとBの渦の作用を表現しました。マクスウェルの時代は、空間が**エーテル**という媒質で充たされていると考えられていましたから、このような力学的モデルは自然な発想だったのかもしれません。

●マクスウェルの歯車モデル

彼はさらに図1-2-5のような奇妙なモデルを考案しました。六角柱の歯車で表しているのは磁界の渦で、渦と渦の間に、パチンコ玉のようなものがあります。彼はこれを「電気微粒子」と呼んだそうですが、これは歯車が回転すると摩擦によって回転しはじめ、歯車の位置は変わらず、パチンコ玉だけが動いていきます。マクスウェルはこの絵で何を説明したかったのか、彼の論文『物理学的力線について』から要約するとつぎのとおりです。

図1-2-5　マクスウェルが考案した電磁現象を説明する奇妙な歯車モデル

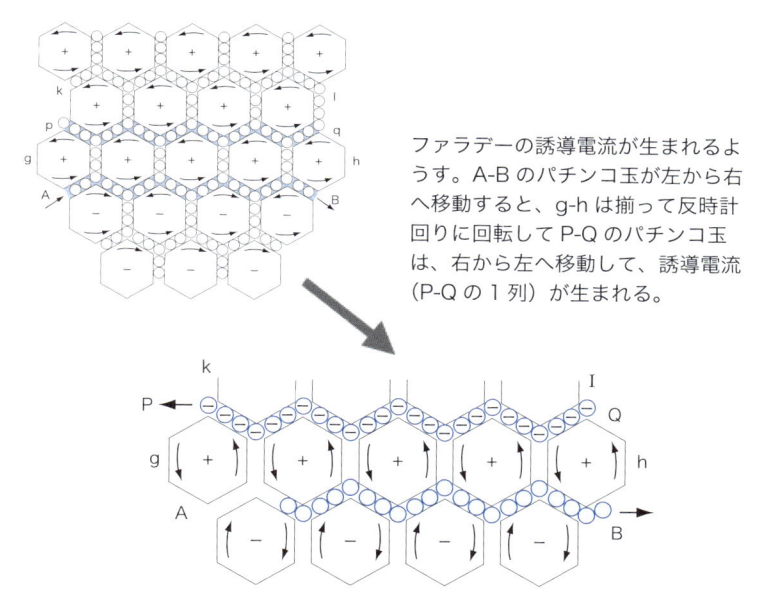

ファラデーの誘導電流が生まれるようす。A-Bのパチンコ玉が左から右へ移動すると、g-hは揃って反時計回りに回転してP-Qのパチンコ玉は、右から左へ移動して、誘導電流（P-Qの1列）が生まれる。

『A-Bにおいて左から右へ電流が流れると、AB上の「渦」の列g-hは反時計回り（＋で表記）に回り始め、「渦」の列k-lはまだ静止している。これら2つの列にはさまれた「電気微粒子」の層は、下側をg-hによって働

きかけられるが上側は止まったままである。「電気微粒子」の層が動き回れれば、時計回り（−で表記）に回り始め、右から左へ移動するだろう。』

そして彼は、この動きを「電気微粒子流」と名付けて、ファラデーの誘導電流が生まれると説明しました。

●ついにマクスウェルの大予言が…

さてマクスウェルは、図1-2-6（a）のように「電流によって電線の回りに磁力線が生じる」ときに、図1-2-6（b）のように電流が流れる電線を切り開いて、そこに2枚の導体板による**平行平板コンデンサー**を接続したらどうなるかを考えました。

図 1-2-6　平行平板コンデンサーにできる磁力線と電気力線

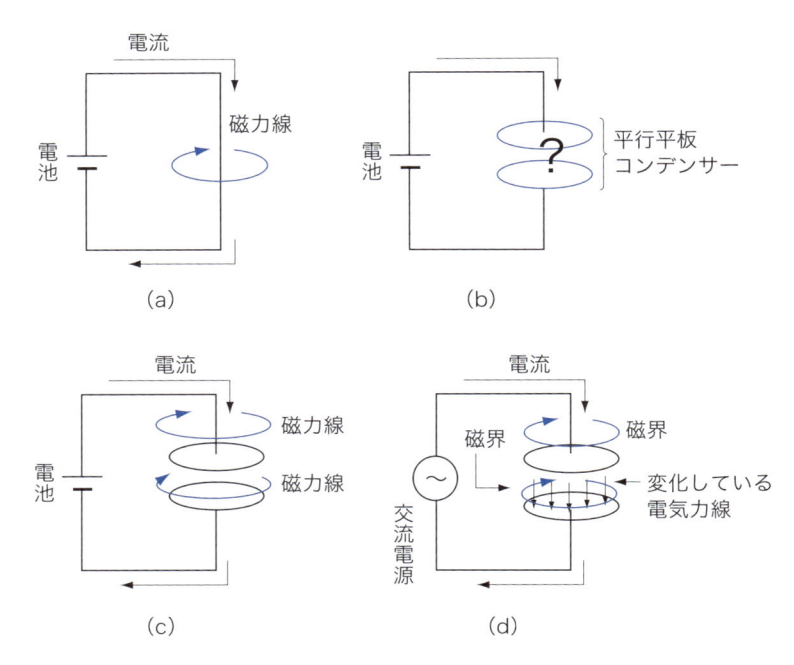

電池をつなぐと電流が流れはじめ、コンデンサーに電荷が貯まるまで電流は流れ続けます。彼は、特に電流が流れているときのコンデンサーのまわりについて考えました。極板の間は空間で電子の移動はありませんから電流は流れません。そうなると磁力線がコンデンサーの部分だけとぎれていること

になるのですが、それでは不自然です。そこで彼は、図1-2-6（c）のように極板間にも電流と同じように**磁力線**が発生するとしたのです。

　電流が流れている間は、コンデンサー内では電極に貯まる電荷が変化しています。そして電荷が貯まるにつれて**電気力線**の数が増えています。

　ところで電気力線は、その場所の電位の傾きを表していますが、マクスウェルはその場を**電界（Electric field）**と呼んでいます。つまり、電流が流れているコンデンサー内では電界が変化しており、彼の捜していた「磁力線を発生させる何か」とは、「電界の強さが変化する」ということでした。

　磁力線がある場所は**磁界（Magnetic field）**と呼ばれていますから、これらを使うと、「磁界は電流の周りだけではなく、変化する電界のまわりにも発生する」とまとめることができます。

図1-2-7　マクスウェルの肖像（上）とファラデーの肖像を描いた記念切手

　この仮想的な電流は、彼によって**変位電流**と名づけられ、導体内の電流（**伝導電流**）と一緒にしてこれを電流とすれば、電流はすべての場所で連続であるという方程式が生まれました。

　ファラデーの電磁誘導は「変化する磁界が電界をつくる」という法則でした。これにマクスウェルの「変化する電界が磁界をつくる」という法則を組み合わせると、はじめに電界の変動があれば、それは磁界の変化をつくり、またそれが電界をつくり、電界と磁界は交互に相手をつくりながら、波となって空間を伝わっていきます。これが電界と磁界の波、つまり**電磁波**です。

　ファラデーは、空間には**エーテル**という物質が満たされており、電気も磁気もエーテルの歪みによって生じているものだと考えました。これはニュートンの力学に基づくアイデアですが、マクスウェルも、光は寒天のような物質（エーテル）の中の振動のように伝わるという仮説を立て、この振動の伝わる速度、すなわち**光の速度**を計算しました。

1-3 ヘルツの実験

●電磁波の存在を実証

マクスウェルが予言した電磁波は、彼の死後わずか9年で**ヘルツ**が実証しています。マクスウェルは48歳で他界していますが、もう少し長生きしていれば、きっとヘルツの実験成功に狂喜したことでしょう。

ドイツの物理学者ハインリッヒ・ヘルツ（1857〜1894年）は、図1-3-1のような送波装置を作って、マクスウェルが予言した**電磁波**の存在を実証しました。これは誘導コイルの両端から出した導線を、ギャップを設けた小さな金属球につなげたもので、さらに導線を伸ばした先に大きな金属の球体を付けています。

図 1-3-1　ヘルツの送波装置（写真はドイツ博物館にて筆者写す）

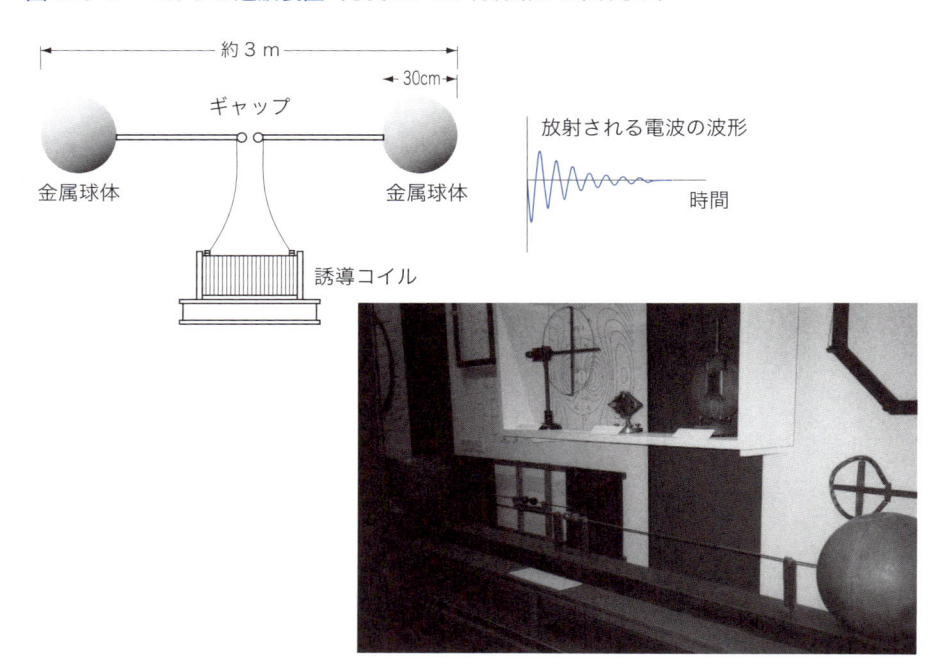

図1-3-1の誘導コイルには1次側と2次側があり、1次側に静電気を貯める**ライデン瓶**をつないで、スイッチを高速で入切します。これは時間とともに電気の強さが変化する交流なので、ファラデーの**電磁誘導**により2次側にできる高い電圧によって火花放電が発生します。ラジオの近くでシェーバーを使うと、モーターの火花放電でノイズが発生するように、**ヘルツの送波器**から電磁波が発生します。この装置は、ヘルツの電波送波装置ともいわれますが、現在の送信機にあたります。

●ヘルツの受波装置

　マクスウェルが空間に存在すると予言した電磁波ですが、ヘルツは図1-3-2のようなループ状の受波装置で、空間を移動する電磁波に誘導された電気を観測する方法を考案しました。ループ（輪）には先端にギャップを設けた小さな金属球が付いていますが、送波装置の誘導コイルから少し離れた位置で電磁波を受けるとギャップに**火花放電**が発生します。

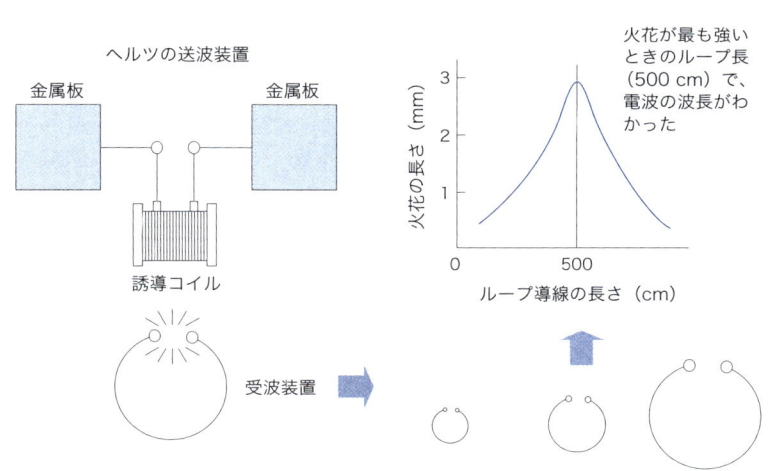

図1-3-2　ヘルツが共振現象を発見した実験（1888年ころ）

　彼は受波装置のループの長さを変えて観測した結果、ある長さで火花が最も強くなることを発見しました。これは送波装置を構成する金属板または球体の寸法、相互の距離などで決まる、特定の周波数を発生する「共振現象」の発見です。

●重要な共振現象の発見

共振とは、電気エネルギーと磁気エネルギーがキャッチボールする現象のことです。電気エネルギーはコンデンサーの中に貯まり、磁気エネルギーはコイルや電線の周りにできます。エネルギー（ボール）が行ったり来たり（キャッチボール）する時間で周波数が決まります。

図 1-3-1 や図 1-3-2 のヘルツの送波装置では、両端の大きな金属球や金属板が大型のコンデンサーと考えられます。またそれらをつなぐ電線のまわりには磁界が発生します。受波装置も、小さい金属球の間に**電気エネルギー**が、ループ（1 回巻きコイル）のまわりに**磁気エネルギー**が発生します。そして、それぞれの寸法が変わると発生するエネルギーの量も変わり、それに応じて共振の周波数も変わります。

●電磁波の波長を測る

ヘルツは、図 1-3-3 のように、送波装置の片側の平板にもう 1 つの平板を置き、導線を 12m 引き出し、これに沿って、直線導線のまわりの磁界の強さを受波装置で調べました。

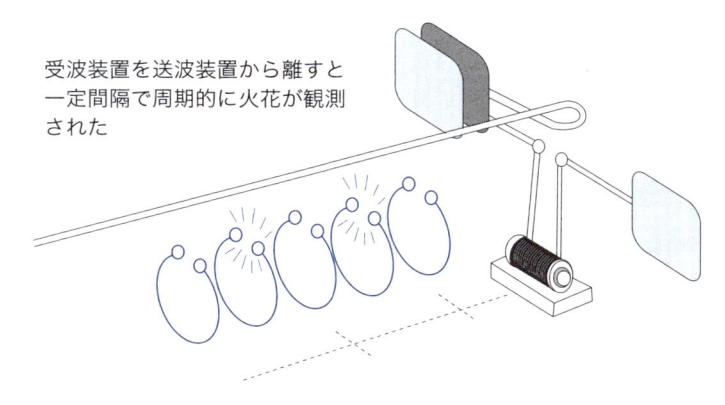

図 1-3-3　電磁波の波長を測定した装置（1888 年ころ）

受波装置を送波装置から離すと一定間隔で周期的に火花が観測された

受波装置を移動すると、火花の強弱が周期的に現れることを発見しましたが、火花が出ない場所が、2.5、5.1、8m の所にできました。これを波のでき方で考えると、これらの間隔は波長の半分になり、電磁波の**波長**は約

5.7m であることがわかったのです。

●ヘルツの実験装置

ヘルツの実験の発表からわずか1年後に、**長岡半太郎**博士がヘルツの実験装置を再現して追試験を行っています。博士の論文『ヘルツ氏實驗』には「ヘルツ氏ハ（略）**共振れの理**（ともぶ）を推して其要點を探究志（変体仮名）遂に越歴波動を容易に研究するの道を開けり」と書かれています。ここで「共振れの理」とは共振、越歴（エレキ）波動とは電磁波のことで。当時使われていた専門用語です。

管楽器の共鳴現象は、空胴の大きさで共鳴（共振）する音の高さつまり周波数が決まりますが、電気の共振はコンデンサーによる電気エネルギーの保持とコイルによる磁気エネルギーの保持が交替で繰り返され、この繰り返しの時間で共振の周波数が決まります。

図 1-3-4 はヘルツが自作したさまざまな受波装置です。

図 1-3-4　さまざまな形状・寸法の受波装置（ドイツ博物館所蔵）

※肖像画はヘルツ

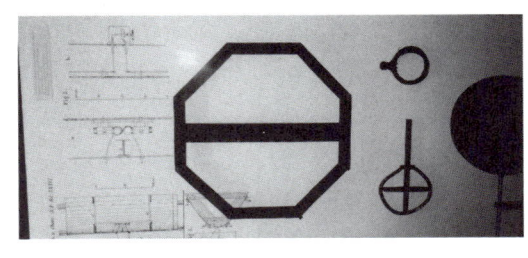

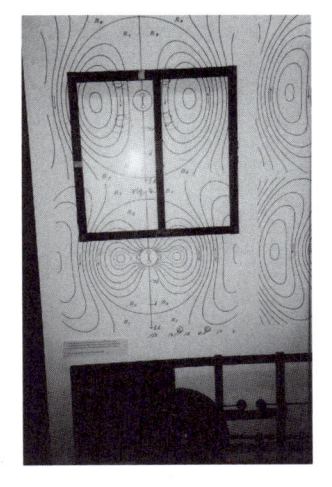

1-4 マルコーニの遠距離通信

●有線通信から無線通信へ

有線通信の世界では、モールス信号で有名な**モールス**(または**モース**)が1842年に海底電線を敷設しています。1858年には、最初の大西洋横断電信ケーブルが敷設されました。

このころ電信ケーブルによる有線通信が盛んになりましたが、モールスの海底電線の実験中に船の錨(いかり)が電線を切ってしまい、それをきっかけに河をはさんで2つの電極を離しても通信できる「導電式無線通信」の実験も行われました。

一部の区間で電線を使わないという意味では、無線通信のさきがけとなる試みでした。大地に強い電流を流して、この電流で通信する実験にも成功していますが、これは後のアース(接地)のアイデアにつながりました。

電磁波による無線通信を実証したのはヘルツですが、できるだけ遠くへ伝える方法として、当初は地中に電気を通すアイデアが登場しました。

●マルコーニの登場

イタリアのグリエルモ・**マルコーニ**(1874～1937年)は、ヘルツの実験を再現して遠距離無線通信の実験を繰り返し、後にマルコーニ社を起こして商用化させることを考え、独自の装置を考案しました。

図1-4-1は、マルコーニに始まる**接地系アンテナ**の変遷を示す歴史年表で、変遷図の最初に登場するのが、彼の考案したアンテナと通信装置です。

マルコーニが遠距離通信に成功したのは、図1-4-2の高さ8メートルのアンテナを使った実験です。これは彼の別荘の庭に建っているレプリカで、最終的にはこのアンテナで約2,400メートル先の受信に成功していますが、アースを使って地球に接地しているのが特長です。

図 1-4-1　接地系アンテナの変遷（接地の図は省略）

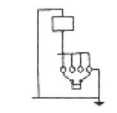

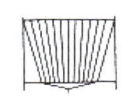

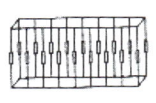

マルコーニのアンテナとアース	ハープアンテナ	T型アンテナ	マルコーニの逆L フラットトップアンテナ	フランクリン配列アンテナ
1896年	1902年	1900年代	1905年	1922年

　彼が無線実験を成功させた別荘はイタリアのボローニャ郊外にあり、現在は博物館になっています。訪問には事前に予約をする必要があり、博物館のホームページ（http://www.fgm.it/en.html）で予約の申し込みができます。アンテナの下端は大地に接地され、これと空間に張り出したアンテナとの間に電気が加えられましたが、この方式のアンテナを接地系と呼んでいます。

図 1-4-2　遠距離通信に成功したアンテナとマルコーニの銅像

図 1-4-3 は、マルコーニの発信装置で、ギャップを設けた火花放電部は 4 つの球体で構成されています。図 1-4-4 は彼の送信装置で、机の上には図 1-4-3 の発信装置（左）と**誘導コイル**（右）が置かれています。

図 1-4-3　マルコーニの発信装置と誘導コイル（後方）

上部に吊り下げられているのは銅板で、ヘルツのアンテナでは片側の金属板（または金属球）に相当します。机の下には、同じ寸法の銅板が敷いてあります。

図 1-4-4　マルコーニの送信装置と誘導コイル

金属板はヘルツのものよりも大きく、マルコーニは通信距離を伸ばすことに終始し、金属板の寸法を大きくすると遠くまで届くという事実を、実験で確認しています。

金属板は**容量（キャパシタンス）**ですから、寸法を大きくすると共振周波数が低くなります。また彼は、波長が長い方が大地を伝わりやすいことも気づいていたようです。そこで、彼のアンテナは大きな容量体をどんどん高く設置して、ついには反対側の容量体に地球を使ってしまうという大胆な発想に至ったのです。

1-5 テスラの公開無線伝送実験

●無線通信の発明者ニコラ・テスラ

発明王**エジソン**（1847〜1931年）は、電気を送電するのに直流が適していると主張しました。ハンガリー（現在はクロアチア）生まれの電気技師ニコラ・**テスラ**（1856〜1943年）は、1884年にアメリカのエジソン電灯会社に採用されましたが、彼は交流派だったので、2人の間で論争が起き、最終的にテスラが主張した交流が選ばれました。

テスラは1893年、図1-5-2のような**無線電力伝送装置**を考案しました。彼は大気の上層部に導電層があり、これと大地で平行2線のように無線で電力を送ることを考えました。このアイデアを検証するために、彼は**世界システム**（World System）と呼ばれる大がかりな送電装置の実験を繰り返しました。超高圧の電気を使い、装置が焼けるのもかまわず独創的な実験を繰り返す彼は、マッド・サイエンティストと呼ばれています。

またテスラは、マルコーニ社が特許を侵害していると告訴しましたが、長い抗争の末、アメリカの特許に関する法廷は、テスラの死後にようやく、無線通信の発明者はテスラであると決定したのでした。

図 1-5-1 テスラの肖像

図 1-5-2 テスラの無線電力伝送装置

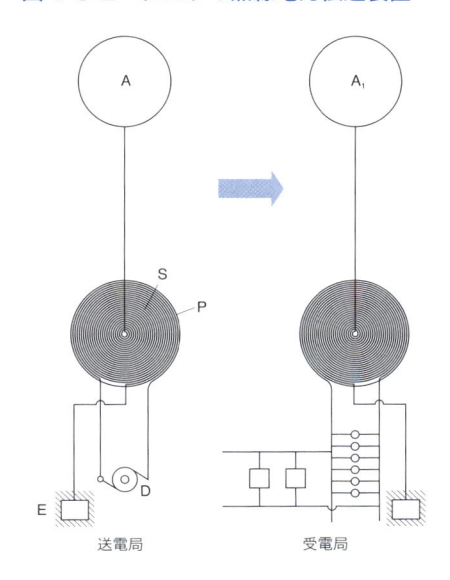

●テスラ・コイルとは

図1-5-2（前項）の装置は、まず5kHz（キロヘルツ）の高周波発電機で50kV（キロボルト）の高電圧を発生させ、誘導コイルの1次側に入力します。2次側には200万～400万Vの超高圧が得られるので、この一端をアースにつなげ、また他端を図1-5-2に示す容量球（コンデンサ）につなげます。テスラは、これで大地と空中に高周波の電気を発生させて無線電力伝送を実現しようとしました。これは誘導コイルのLと容量球のCで、ヘルツやマルコーニも使ったLC共振を利用しており、彼が成功したこの高周波変圧器は、**テスラ・コイル**とも呼ばれました。

図1-5-3　テスラ・コイルの模型

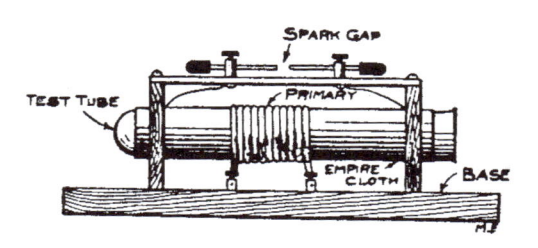

一般の**変圧器**（**トランス**）は、1次コイルと2次コイルを鉄芯に巻いていますが、周波数が高くなると鉄芯による損失抵抗が大きくなるので、彼は図1-5-3のような空芯の筒を使っています。図1-5-4は筆者がドイツ博物館で体験したテスラ・コイルによる放電実験の様子です。

図1-5-4　ドイツ博物館の放電実験

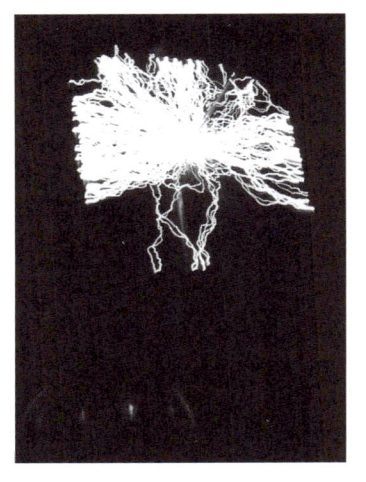

図1-5-5　テスラ・コイル前で読書をするテスラ

1-6 電波とは

●電波はどこで生まれる？

マクスウェルは、1-2節で述べたように、**平行平板コンデンサー**の思考実験から電磁波の存在を予言したのでした。しかし、実際には平行平板コンデンサーの周りがアンテナになって、強い電波が遠方へ放射されることはありません。

図1-6-1（a）の平行平板コンデンサーに交流の電流を流すと、空間をマクスウェルが導入した変位電流が流れ、その量は交流の周波数が高いほど大きくなります。点線は**電界（電気力線）**の様子を表していますが、平行平板コンデンサーの場合、**電磁波**は極板の間にだけ発生することがわかります。

図1-6-1　コンデンサーから電界（電気力線）が空間に広がる様子

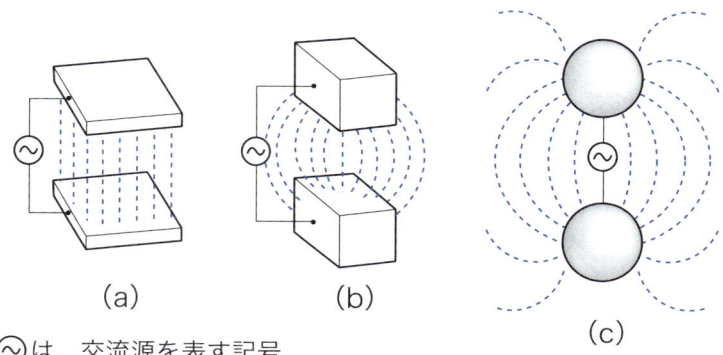

⊗は、交流源を表す記号

図1-6-1（b）は、板を直方体に変えたもので、図1-6-1（a）よりも広い空間に変位電流が流れやすいことがわかります。また図1-6-1（c）は、これを球体にしたもので、空間に対して表面積を増やしてさらに変位電流を出やすくしていますが、ヘルツが実験したダイポールの構造にそっくりです。

これらから類推できるのは、電極間に電界（電気力線）が集中している図

1-6-1（a）や（b）では電波はほとんど放射されませんが、図1-6-1（c）の点線が示すように、電界が空間に広がっているときに強い電波の放射が発生するということです。

● **ヘルツのダイポールから放射される電波**

図1-6-2は**ヘルツ・ダイポール**の電荷の分布を、ある瞬間でとらえた様子です（針金でも同じ電荷分布を実現できる）。ところでこの構造が「ダイポール」と呼ばれているのは、プラス極（ポール：pole）とマイナス極の2つ（ダイ：di）の極から成っているからです。

図1-6-2　ヘルツ・ダイポールの電荷分布

空間に広がる電界（電気力線）

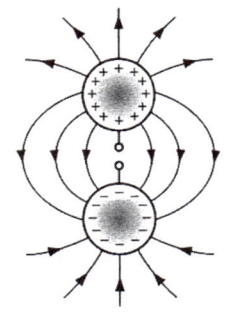

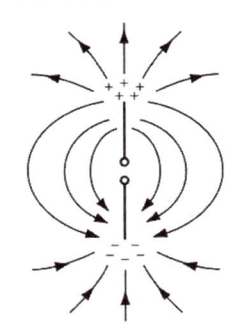

上の極が＋、下が－になった瞬間　　　　1本の針金でも電界のでき方は同じになることを発見した人がいた

ヘルツ・ダイポールに高周波の電圧を加えると、電気力線は図1-6-3のように変化していると考えられます。この図は1周期分の様子を描いていますが、プラスとマイナスの電荷を結んだ電気力線が、タバコの煙をはきだすように、空間に放射されていくのがわかります。そして、この電気力線のループは、時間の経過につれてどんどん大きくなり、空間に広がります。

図 1-6-3　ヘルツ・ダイポールの周りにできる電気力線の時間変化

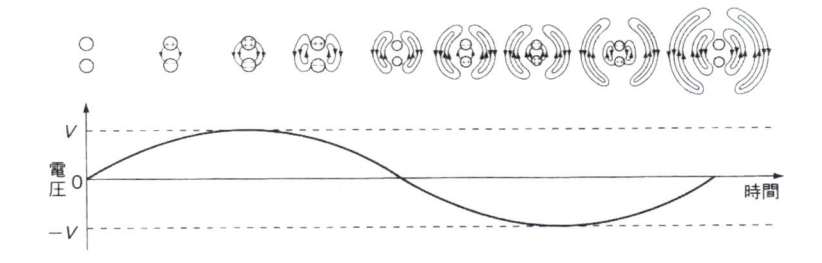

●線状のダイポール・アンテナから放射される電波

　図1-6-4は、大地に対して垂直に置いた線状のダイポール・アンテナの周りの電界強度を表しています（**電磁界シミュレータ XFdtd** を使用）。このアンテナは線の長さがほぼ1/2波長で動作します。

　人間は電波を直接見ることができませんが、電磁界シミュレータはパソコンで**マクスウェルの方程式**を解いて、空間に広がる電界や磁界の分布を表示できるソフトウェアです。

図1-6-4　大地に対して垂直に置いたダイポール・アンテナの周りの電界強度分布

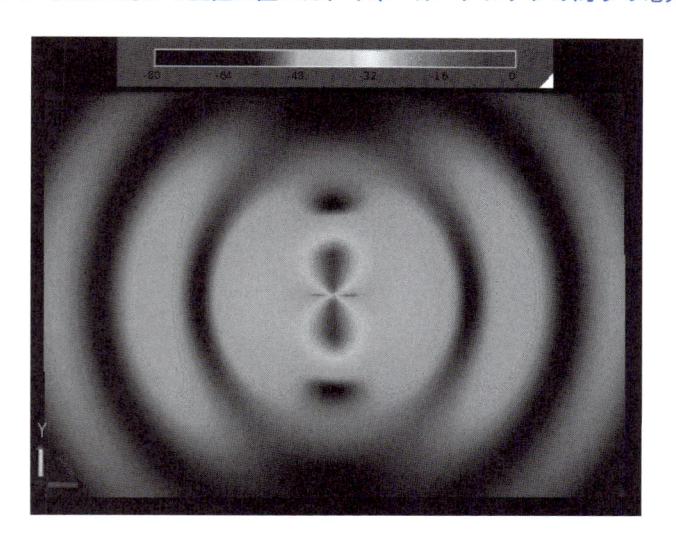

図1-6-4は、電界の強度をカラー・スケールで表していますが、前項の図1-6-3の電気力線がイメージできるでしょう。この電磁界シミュレータは、空間を細かい直方体に分けて、その一つひとつの領域の電界や磁界の大きさと向き、すなわち**電界ベクトル**と**磁界ベクトル**を計算しています。

　図1-6-5は、電界ベクトルを小さな円すい形で表しています。中央に線状ダイポール・アンテナがありますが、電気力線はプラスの電荷から出てマイナスの電荷に至るので、前項の図1-6-2が確認できます。

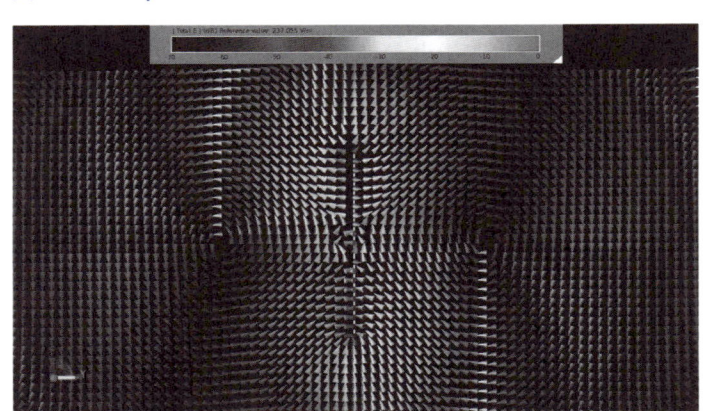

図1-6-5　1/2波長ダイポール・アンテナの周りの電界ベクトル

　また、つぎの図1-6-6は磁界ベクトルですが、**アンペアの法則**に従ったループ状の磁力線が空間に広がっています。

　磁力線は右回りと左回りが交互に変化していますが、それらの境は磁界がゼロです。電磁波が波であることを考えれば、磁界がゼロになる位置は、1/2波長離れる毎に現れることがわかります。

図 1-6-6　ダイポール・アンテナの周りの磁界ベクトル

● 電波と電磁波

電磁波は、文字通り「電界」と「磁界」の「波」です。ここで電界とは電気力線で表される電気力が働く場所（界）のことをいいます。また、磁界とは磁力線で表される磁気力が働く場所（界）のことをいいます。

> **空間を伝わる電気の発見**
>
> 　ベンジャミン・フランクリン（1706〜90年）は、雷の稲妻が電気で発生することを発見して避雷針を発明しました。
> 　彼は雷雲に向かって金属棒をつけた凧をあげ、湿った凧糸の端に金属をつけて建物にくくりつけ、金属に指を近づけるとパチパチと感電しました（1752年）。
> 　体を張って電気を確認したわけですが、翌年ロシアで同じ実験をした人たちは感電死したそうですから、フランクリンは運がよかったのかもしれません。

電波と電磁波はことばが似ていますが、日本の電波法では、電波は「3THz（テラヘルツ）以下の電磁波」と定義されています。テラは10の12乗を表すので、3THzは1秒間の振動数が3,000,000,000,000回ということです。光は電磁波の仲間です。すべての物体は原子の集まりで、原子は**原子核（プラスの電荷）**と**電子（マイナスの電荷）**とから成り立っています。物体が熱せられるとこれらの原子が激しく振動して、電荷もやはり振動します。そこで、「電子の振動は電磁波を発生する」ということになり、**光（電磁波）**を発します。図1-6-7に電磁波の周波数区分を示します。

図1-6-7　電磁波の周波数区分

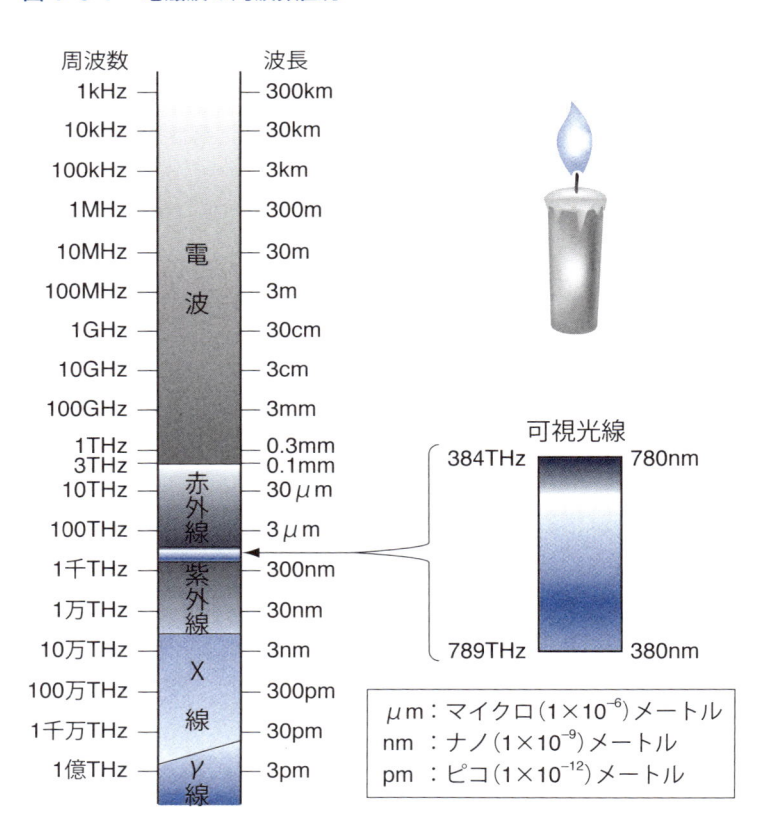

周波数	区分	波長
1kHz	電波	300km
10kHz		30km
100kHz		3km
1MHz		300m
10MHz		30m
100MHz		3m
1GHz		30cm
10GHz		3cm
100GHz		3mm
1THz		0.3mm
3THz	赤外線	0.1mm
10THz		30μm
100THz		3μm
1千THz	紫外線	300nm
1万THz		30nm
10万THz	X線	3nm
100万THz		300pm
1千万THz		30pm
1億THz	γ線	3pm

可視光線：384THz（780nm）〜789THz（380nm）

μm：マイクロ（1×10⁻⁶）メートル
nm：ナノ（1×10⁻⁹）メートル
pm：ピコ（1×10⁻¹²）メートル

●波の表し方

　池に小石を投げてできる波紋をよく観察すると、水が上下方向に振動しながら、その方向と垂直に進んでいることがわかります。このような波は**横波**と呼ばれていますが、浮いている枯れ葉がその場で上下動を繰り返しています。しかし波の振動するエネルギーは、進行方向へつぎつぎに伝わっていきます。

　別の種類の波は、音を伝える波すなわち**音波**です。声を発すると喉が振動して、空気の振動となって空間を伝わりますが、空気を構成している分子は、音波が伝わる方向の前後に振動しています。このような波は**縦波**と呼ばれていますが、空気の分子は先まで進むわけではなく、その位置で前後に振動しています。**電磁波**も波ですが、電磁波は電界と磁界が振動しながら進み、進行方向は電界と磁界の振動方向とは垂直です。つまり池の波も電波も「横波」として伝わっていくのです。

　図 1-6-8 は電界または磁界の波を表しています。山から山あるいは谷から谷までの距離を**波長**といいます。また波が 1 秒間に振動する数を**周波数**といい、物理学者ヘルツに因む **Hz（ヘルツ）** という単位で表します。

　空間を伝わる電磁波の波長 d [m] と周波数 f [Hz] には、つぎの関係があります。ここで分子の数字は、空間における光（電磁波）の速度です。

$$d = \frac{3 \times 10^8}{f} \quad [\text{m}]$$

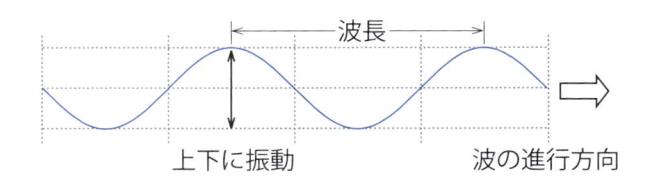

図 1-6-8　電界または磁界の波

1-7 ワイヤレス通信の歩み

●マルコーニの商用化

　筆者らは歴史探訪が趣味で、ここ10年ほど電波とアンテナの先駆者達を訪ね回っています。図1-7-1は、イタリアのジェノバ近く、リビエラ地方のホテルですが、**マルコーニ**夫妻が滞在した部屋に泊まることができました。図1-7-2は入り口の壁にあるパネルで「マルコーニは1933年に500MHzの通信（150km）に成功した」とあります。

　図1-7-3は、放物線配置の**反射器付きアンテナ**で**超短波**を実験中のマルコーニ（左）で、撮影場所は不明ですが、このホテルのバルコニーによく似ています。

図 1-7-1　超短波通信を実験したホテル・ミラマーレ

図 1-7-2　ホテル入り口のパネル

図 1-7-3　実験中のマルコーニ（左）

●ワイヤレス通信の発展

ワイヤレス通信は、河をはさんだ「導電式無線通信」に始まり、ヘルツによる遠距離通信の実験、マルコーニやテスラによる大地（地球）を利用した世界通信へと進みましたが、1888年のヘルツの実験から1900年のマルコーニ無線電信会社の設立まで、わずか10年強という短い期間でした。

ヘルツの室内実験は、電磁波の波長が約5.7mだったので、周波数は約53MHzです。またマルコーニが**大西洋横断送信**に成功した1901年から翌年には、大型のアンテナを使い、送信周波数は300kHz近くまで低くなりました。1904年から1907年にかけてアンテナはさらに大型になり、周波数は70kHzから45kHzまでの長波（30〜300kHz）を使うようになります。

このように、長距離のワイヤレス通信をめざして周波数が低くなっていくのは、当時まだ**電離層**による反射が発見されていなかったことも一因です。電離層は、地球を取り巻く大気の分子や原子が、太陽光線やエックス線などの宇宙線によってイオンに分かれている層です。この層は、金属板のように電波を反射する性質を持つので、図1-7-4のF層と呼ばれる層では短波帯（3〜30MHz）の電波を反射します。反射波は地表に向かい、再び反射されて、これらをくりかえすことで、遠距離の通信が可能になります。

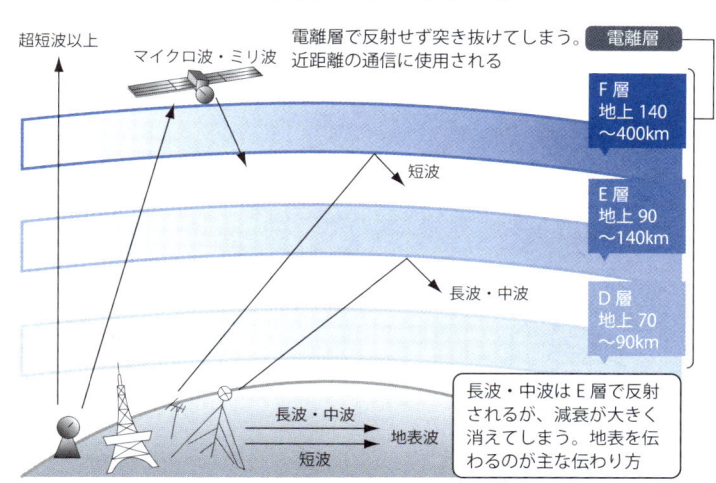

図1-7-4　地球の周りの電離層と電波の伝わり方

●ワイヤレス通信の周波数

今日の**ワイヤレス通信**は、表1-7-1に示す広い周波数帯を使っています。

表1-7-1　電波の周波数範囲（周波数帯）とその性質・用途

電　波	周波数帯	性質・用途
超長波 VLF (Very Low Frequency)	3～30kHz	地表に沿って伝わり、水中でも数十メートル先まで届くので、無線走行用の電波「オメガ（10.2kHz）」と潜水艦の通信にも使われている。
長波 LF (Low Frequency)	30～300kHz	非常に遠くまで伝わる。40kHzや60kHzは標準電波として使われ、電波時計が受信して時刻を修正する。
中波 MF (Medium Frequency)	300kHz～3MHz	上空約100キロメートルにできる電離層（E層）で反射し、AMラジオ放送で使われている。船舶や航空機の通信用にも使用されている。
短波 HF (High Frequency)	3～30MHz	上空約200～400キロメートルにできる電離層（F層）で反射して、地表と反射を繰り返して、地球の裏側まで届く。各国の国際放送や、船舶通信、アマチュア無線にも使われている。
超短波 VHF (Very High Frequency)	30～300MHz	直進性が強く、電離層での反射は弱いので、比較的近距離の通信に使われる。山や建物もある程度回り込んで伝わり、タクシー無線や航空管制などでも使われている。
極超短波 UHF (Ultra High Frequency)	300MHz～3GHz	伝送できる情報量が多く、小型のアンテナと送受信機で移動体通信に最も多く使われている。携帯電話や地上波デジタルテレビ放送、電子レンジ（2.45GHz）も極超短波。
マイクロ波 SHF (Super High Frequency)	3GHz～30GHz	伝送できる情報量が多く、直進性が強く、光に似た性質があり、パラボラアンテナを使用して、レーダーに使われている。1GHz～30GHzの電波は電離層を突き抜け、雨や霧にも吸収されにくいので、衛星放送や衛星通信に使われている。単にマイクロ波といったときには、これよりも広い範囲を指す場合がある。一般には、電子レンジの2.45GHzもマイクロ波といわれている。
ミリ波 EHF (Extra High Frequency)	30GHz～300GHz	光の性質に近く、強い直進性があるが、降雨のときには遠くへ伝わらない。そこで近距離用の通信に使われ、電波望遠鏡、ミリ波レーダーや自動車追突防止レーダーにも使われている。

1-8 ワイヤレスとアンテナ

●見えないアンテナ

ワイヤレスは wire（電線）が less（無し）という意味なので、「無線の」という形容詞で使われます。**ワイヤレスLAN**や**ワイヤレス・ネットワーク**、**ワイヤレス・リモコン**といったように、電線がじゃまになるほど増えてきた現代は、ワイヤレスによるシステム化が進んでいます。

アンテナは有線通信をワイヤレス化するために欠かせない機器です。有線では電線に電圧を加えて電流を流し、両者によって運ばれる電力で仕事をします。一方、ワイヤレスでは空間に分布する電界と磁界が移動する電磁波が電力を運んで仕事をしますから、空間は見えない電線であると考えられます。

電波は身のまわりの空間に充満しています。例えば、携帯で**ワンセグ放送**を見ているときには、間違いなく電波の一部がアンテナにまとわりついて、受信回路に到達していることが想像できます。

ケータイやスマートフォン（スマホ）のアンテナは内蔵されており、構造はわかりません。図1-8-1は**WiMAX**のアンテナで、電子回路基板の端に配線路の一部のように付いています。富士山形の部分はグラウンド板なので、これはマルコーニ以来の接地系アンテナのミニチュア版といえるでしょう。

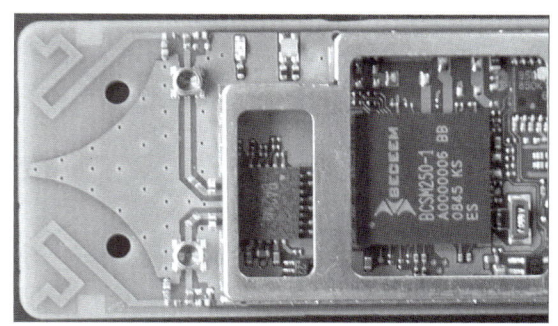

図1-8-1　WiMAXの送受信モジュールの内蔵アンテナ例

●アンテナの変遷

現代のアンテナも、その変遷をたどるとヘルツやマルコーニの元祖に行き着き、動作原理はまったく変わっていないことがわかります。最も古い**ヘルツ発振器**が1888年ころなので、アンテナは明治中ごろに発明された技術であることがわかります。

図1-8-2では、アンテナの種類を**接地系**、**非接地系**、**開口面系**の3グループに分類しています。接地系はアースを使って地球に接地しているのが特長です。アンテナの端は大地に接地され、これと空間に張り出したアンテナとの間に電気が加えられます。

図1-8-2 主なアンテナの変遷図

接地系:
- マルコーニのアンテナとアース 1896年
- ハープアンテナ 1902年
- T型アンテナ 1900年代
- マルコーニの逆Lフラットトップアンテナ 1905年
- フランクリン配列アンテナ 1922年

非接地系:
- ヘルツ発振器 1888年
- ロッジの共振アンテナ 1898年
- ブラウンの傾斜アンテナ 1902年
- 八木・宇田アンテナ 1926年
- シレイメニーアンテナ 1929年
- ヘリカルアンテナ 1947年
- ダイポールアンテナ 1900年代
- シールドループアンテナ 1921年
- ロンビックアンテナ 1931年
- ターンスタイルアンテナ 1936年

開口面系:
- ヘルツの放物面鏡を利用した送波装置 1888年
- マルコーニ放物円柱アンテナ 1933年
- キングのホーンアンテナ 1935年
- パラボラアンテナ 1935年
- ホーンレフレクターアンテナ 1948年

マルコーニが無線電信の商用化を始めたころは、波長の長い**長波帯**が使われましたが、**線状アンテナ**の長さは、1-6節で述べたように波長の半分で動作します。接地系のアンテナはその片方を接地するため、空間へ突き出している部分（これをエレメントとも呼ぶ）は約1/4波長ですみます。しかし、長波帯（30〜300kHz）の波長は1〜10kmもありますから、1/4にしても250〜2500m長のエレメントを建てる必要があります。

　一方、図1-8-1のアンテナは、WiMAXの周波数が2.5GHz帯なので、12cmの波長の1/4である3cmですみます。しかし、これを内蔵する場合は、図1-8-1のようにエレメントを曲がりくねらせて、なんとかケースに収めています。

　アンテナの寸法は、使用する電波の波長によっては小さくできるので、モバイル用携帯端末の周波数は、1GHz前後が多く使われています。

● 現役で活躍する八木・宇田アンテナ

　図1-8-2の中段は、ヘルツ・ダイポールに始まる非接地系アンテナの変遷です。ロッジまでは複雑な形状で共振を得ていましたが、1900年代に針金一本の極めてシンプルなダイポール・アンテナが広く使われるようになり、そのおかげでさまざまなアイデアのアンテナが開発されました。

図1-8-3　八木秀次博士（左）と宇田新太郎博士

　図1-8-2中ほどの**八木・宇田アンテナ**は、日本人が発明した世界的に有名なYAGIアンテナです。このアンテナは、ダイポールの数を増やしただけの簡単な構造にもかかわらず、特定方向へ電波を強く放射し、その方向からの微弱な電波を効率よく受信できるので、現在もテレビやFMラジオのアンテナとして現役で活躍しています。図1-8-3は、発明者の**八木秀次**博士と**宇田新太郎**博士です。

●開口面系のアンテナ

図1-8-2下段の**開口面系**は、電波を特定方向へ絞り込むアイデアで、空間へ向けて口が開いた構造になっています。中ほどの**ホーン**（horn）アンテナは、ラッパのような形の金属でできているので、電波はこれに沿って前方へ強く放射され、**マイクロ波通信**の中継用としても使われています。

ヘルツは電波が光の性質を持っていることを確認する装置を考案しました（図1-8-4）。中央にはヘルツ・ダイポールがあり、反射鏡で光を焦点に集めるように、金属の反射板で電波を一方行へ強く送ることができれば、電波は光と同じ性質を持つというわけです。

彼は図1-8-5のように、送波装置と受波装置を互いに直交させると、まったく火花が観察されないことを発見しました。これは**偏波**（電界の振動の向き）を調べる実験ですが、この結果から電波は音波のような縦波ではなく、特定方向に偏って振動している横波であることがわかりました。

図1-8-4　ヘルツの反射鏡付きアンテナ

図1-8-5　送波装置と受波装置を用いて偏波を調べる実験

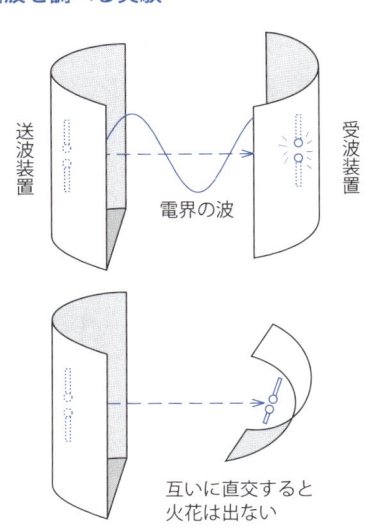

1-9 ワイヤレス技術の進化

●電源の進化

アンテナの進化と同時に、安定した高周波を発振させる技術も進化しました。ヘルツの時代には、まだ発電所からの電力送電は実現されていなかったので、実験に使われていた**電源**は**摩擦電気（静電気）を貯めるライデン瓶**（図 1-9-1）や**ボルタの電堆**でした。

火花放電は継続時間が短く急に変化する電気で、低い周波数から高い周波数までの電波が発生するので、他の機器に妨害電波を与えます。

ヘルツの発振器も、やはり火花放電を起こして高周波の電気を得るしくみなので、長時間安定した高周波を得るのが困難でした。マルコーニの実験も、ヘルツの装置を再現するところからスタートしています。

図 1-9-2 は手回しで静電気を発生させる装置ですが、当初はこれで電気をつくっていました。

図 1-9-1　静電気を貯めるライデン瓶　　図 1-9-2　手回しの静電気発生装置

それから数年後、イギリスのロンドンで1897年に無線電信会社を設立、また1900年、彼の26歳の誕生日にはマルコーニ国際船舶通信会社を設立しています。当時は改良した誘導コイルと蓄電池を使っていたとはいえ、このような貧弱な電源では、送信電波の電力は限られていました。

● **同調方式の発明**

右手の法則や左手の法則で有名な**フレミング**は、マルコーニの会社設立当時、1899年に技術顧問を務めていました。彼はガソリン・エンジンを用いて25kW（キロワット）の電力で励振する送信機を設計しましたが、このとき高さ60m余りのマストを20本、円形に配置した大がかりなアンテナを使っています。

1901年に大西洋横断実験で使った送信機は、図1-9-3のような回路です。まず鉄芯に巻いたトランス（変圧器）を通して、左端の発電機の周波数に応じた回路でコンデンサーC_1が充電されます。つぎにギャップS_1で火花放電を調整して、C_1で充電された電気は結合コイルを介してC_2を充電します。そして、ギャップS_2を調整してC_2を放電し、放射周波数の電気を最後のアンテナ回路に結合して、アンテナから電波が放射されるというしくみです。

図1-9-3　1901年の大西洋横断実験で使った送信機の回路図

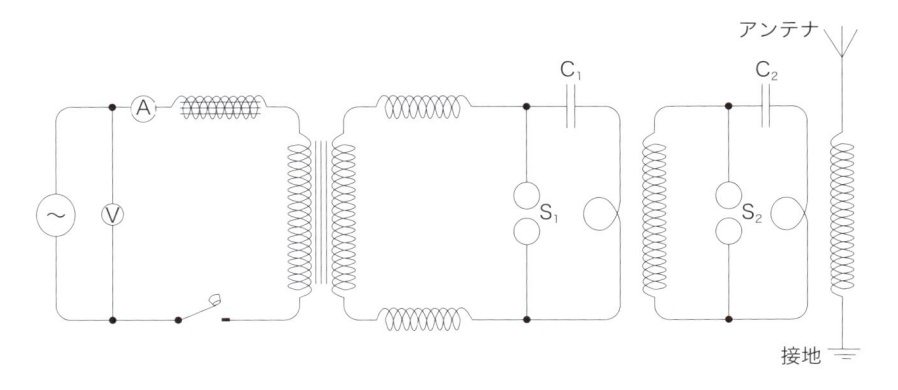

ヘルツの時代には火花放電によってまき散らされる広帯域の電波を使っていましたが、マルコーニの時代は **LC共振回路** で特定の周波数の電波を扱う**同調方式**が採用されるようになりました。

有名な1900年の**英国第7777特許**は、この同調方式に関するものですが、**共振アンテナ**（図1-8-2）を発明した**ロッジ**の特許を侵害していると訴えられました。後にマルコーニはロッジの特許を買い取りますが、1900年前後は、電波の商用化に向けた群雄割拠の時代だったといえるでしょう。

●高周波発振器の進化

　送信機の進化は、安定した高周波を発生させる回路の進化といってもよいでしょう。図1-9-4に示すように、**水晶**に電圧をかけるとその寸法・形状によって固有の周波数で振動します。この現象を利用した**水晶振動子**（**水晶発振子**ともいう）は振動周波数の精度が高いので、クォーツ時計の基本振動の発振や、パソコンの心臓部である**クロック信号**の発振などに使われています。

図1-9-4　水晶に電圧をかけると固有の周波数で振動する

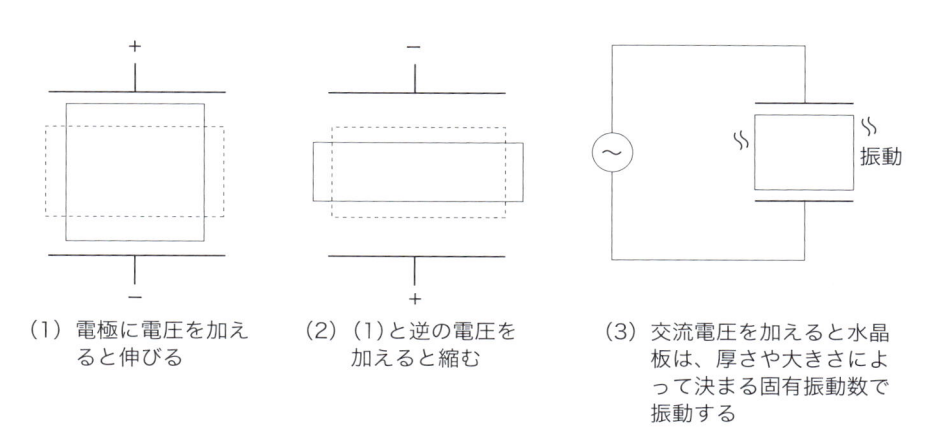

(1) 電極に電圧を加えると伸びる
(2) (1)と逆の電圧を加えると縮む
(3) 交流電圧を加えると水晶板は、厚さや大きさによって決まる固有振動数で振動する

●電気振動の持続

　LC共振回路のコンデンサーCを充電して、図1-9-5（a）のようにスイッチを閉じると、電流iはコイルLに向かって流れます。そこでLにはiによる磁力線が発生しますが、その磁力線はコイル自身に起電力（電圧）を誘導します。そしてその電圧はもとの電流を妨げる向きになるので、Cの電荷がなくなった後で、Cは図（b）のように最初とは逆に充電されます。つぎ

に、Lの磁力線がなくなると、図（c）のようにCから放電が始まり、Lに

図 1-9-5　LC 共振回路のしくみ

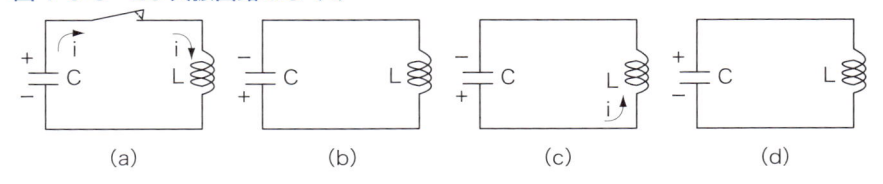

(a)　　　　　　(b)　　　　　　(c)　　　　　　(d)

は前とは逆向きの磁力線ができて、図（d）のように充電されます。

このようにLC共振回路は、Lが磁気エネルギー、Cが電気エネルギーを保持して、エネルギーの形を変えながらキャッチボールし続けますが、このとき流れる**振動電流**は、回路の損失によってだんだん弱くなり、ついにはなくなってしまいます。そこで、アンテナから電波を放射し続けるためには、この振動電流を持続させる工夫が必要になるわけです。

●真空管やトランジスターによる帰還回路

振動電流を持続するためには、真空管やトランジスターを使って、増幅した電気の一部を入力側へ戻す帰還（feedback）が必要になります。

図1-9-6は、水晶振動子を使って安定した高周波を発生する**水晶発振回路**の例です。中央にあるのは1907年に発明された三極真空管ですが、1915年には真空管による発振回路が発明され、送受信機器は飛躍的に進歩しました。

図 1-9-6　水晶発振回路の例

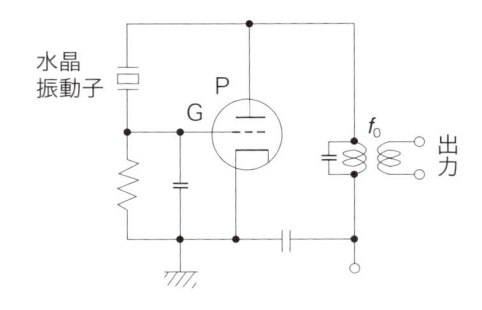

日本のラジオ放送は、1925年（大正4年）に社団法人東京放送局（コールサイン：JOAK）の仮送信所から第一声が発せられました。当時使われていた「探り式鉱石受信機」の性能は低く、東京芝浦の仮放送所からの電波は、送信周波数 800kHz、出力約 220W と弱かったため、東京都内でないとよく聴こえなかったそうです。

●真空管の発明

　1904年、**フレミング**（1849～1945年）は**二極真空管**を発明しました。これよりも前の1879年に、**エジソン**は炭素**フィラメント**の電球を発明していますが、彼はこれを使って電球にもう一つ電極を入れた実験をしました。フレミングはエジソンから実験球を譲り受けて、二極管の発明に至りました。

　米国のド・フォレは、二極管のフィラメントと**プレート**の間に、図1-9-6のGで示す第3の電極、**グリッド**を配置した三極管を実験しました。二極管と同じように、プレート（P）に対して正電圧を加えると、陰極から放出された**熱電子**がプレートに到達しますが、多くの電子はグリッドを通り抜けます。そこでグリッドに電圧の変化（入力信号）を与えると、プレートから電流（出力信号）を取り出すことで、信号の増幅ができるようになりました。

　三極真空管と同じような**増幅機能**を持った**半導体素子**に**トランジスター**があり、水晶発振回路ではトランジスターが使われるようになりました。

　日本では、安藤博（1902～1975年）が大正8年（1919年）、多極真空管を完成させました。それまでの三極管よりも動作が安定し、増幅率も100倍～1000倍向上したので、その後のマイクロ波通信、テレビジョン、レーダーなどの実用化に貢献しました。

●マグネトロンの発明

　電子レンジは、マイクロウェーブ・オーブン（microwave oven）といわれるように、マイクロ波を使った加熱調理器です。調理しようとする食品を電子レンジに入れて動作させると、マグネトロン（図1-9-7）が発生する2.45GHz（ギガヘルツ）のマイクロ波を加熱室内に放射します。

　マイクロ波が照射されると、ターンテーブルの上に置いた食品に電気エネ

図 1-9-7　電子レンジのマグネトロン

ルギーが集まり、マイクロ波の周波数（1秒間に24億5千万回）で電界が変化します。食品に含まれる水の分極は、これに遅れて変化しますが、このため電界のエネルギーが最終的に熱エネルギーに変換されることで発熱します。

東北帝国大学（現東北大学）の**岡部金治郎**博士（1896～1984年）は、1927年、マイクロ波を安定して発振できる、分割陽極**マグネトロン**を開発しました。これによりマイクロ波の発振が可能になり、放送や通信、レーダーなどに応用されています。

●半導体の発明

電気を伝えにくい物質を**絶縁体**あるいは**不導体**といいますが、その中には熱を加えると電流を通すようになる物質があり、**半導体**と呼ばれています。

半導体には、図1-9-8に示すような種類があります。**真性半導体**は、温度が低いときには自由電子がなく電流が流れませんが、温度を上げると電子が激しく運動して自由電子となって電流が流れるようになります。不純物がない純粋なシリコンにはこのような性質があります。しかし熱でコントロールするのは実用的ではないので、**不純物半導体**が開発されました。

図1-9-8　半導体の種類

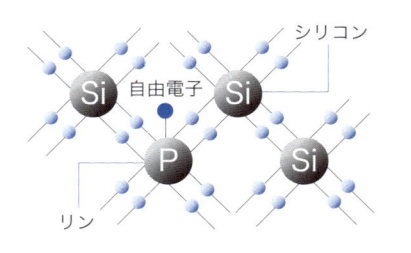

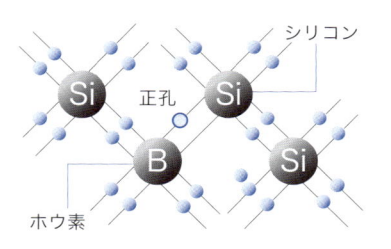

(a) n型不純物半導体	(b) p型不純物半導体
リン（P）を混入した不純物半導体 余った電子は自由電子になる	ホウ素（B）を混入した不純物半導体 ホール（正孔）ができる

不純物半導体は、真性半導体に不純物を微量に加えたもので、図1-9-8のように自由電子がひとつ余った不純物半導体を**n型半導体**といいます。また、逆に電子がひとつ足りなくなってホール（正孔）ができている不純物半

導体を **p 型半導体**といいます。

　接合型トランジスタは、薄い p 型半導体を n 型半導体ではさんだ構造で、npn 型トランジスタともいいます。また n 型半導体を p 型半導体ではさんだ pnp 型もあります。

　トランジスタは、三極真空管と同じように信号を増幅する機能があるので、図 1-9-6 の水晶発振回路で、三極真空管の代わりに使われるようになりました。

❗ 電気の真価

　ケータイやスマホも、電気がなければ働きません。電波の源は電気なのですが、18 世紀にボルタの電堆（でんたい：電池の元祖）が登場するまでは、物理学者はガラスと毛皮を摩擦して発生する静電気を電源として実験していました。

　筆者らは、オランダのライデン大学を訪ねたおりに、静電気を貯める大きなライデン瓶を見学しました。発電機は身長ほどある直径の重いガラス円盤で、手回しにはかなりの体力が必要ですから、当時の物理学者は、スポーツ界でいわれる「心・技・体」を兼ね備えていたのかもしれません。その後、マイケル・ファラデー（1791 〜 1867 年）が電磁誘導を発見してくれたおかげで、今日の発電機に発展しました。

　水力、風力、太陽光、地熱などの自然の力を利用したグリーンエネルギーの導入がはじまっていますが、あらためて手回しで得られるエネルギー量を換算すると、かつてのバブル時代のむだづかいを反省してしまいます。

1-10 ワイヤレスの通信距離

●電波の広がり

アンテナの形状は様々なので、簡略化した点のような波源を持つ仮想的なアンテナを考えてみます。図1-10-1のように、点光源からの距離 r が大きくなるにつれて光があたる球体の表面積は r^2 に比例して増え、単位面積あたりの光の強さは $1/r^2$ に比例して小さくなることがわかります。例えば、図1-10-1の

図1-10-1　点光源からの距離と光の強さの関係

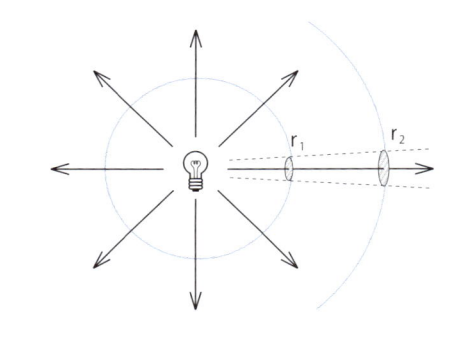

r_1 が電球から1メートル、r_2 が2メートルの距離であれば r_2 の点での強さは4分の1ですが、r_2 が100メートルと100倍遠ざかれば、受信する電波の強さは10,000分の1になってしまうという計算です。このことから、送信アンテナから離れるほど受信点の電波が弱くなる理由がわかります。

●宇宙通信の距離

小惑星探査機「**はやぶさ**」は、2003年9月に小惑星「**イトカワ**」に着陸し、2005年末、地球にもどる「はやぶさ」の交信が途絶えましたが、このとき地球との距離は約3億kmです。翌2006年の初めに、**JAXA**（宇宙航空研究開発機構）臼田宇宙空間観測所の大型パラボラアンテナが微弱な信号をキャッチして、交信が復活しましたが、直径64メートルの巨大な反射鏡は、「はやぶさ」の微弱な信号を集める役割を果たします。

「はやぶさ」の電波がもし図1-10-1のように広がってしまえば、電波の強さは $1/r^2$ に比例して小さくなることから、とても地球まで届くような強さではありません。「はやぶさ」のアンテナも、小型ながら反射鏡を持つパラ

ボラアンテナなので、微弱な電磁波をムダなく特定方向へ放射できるのです。

●通信距離は何で決まるのか

図 1-10-2 は、自由空間で距離 r 離れた送信アンテナと受信アンテナです。送信アンテナに供給する電力を P_t、送信アンテナの**利得**（最大の放射と基準アンテナの放射の比）を G_t とすれば、通信距離 r 離れた受信アンテナの位置に到達する電波の**電力密度** P_d は、図 1-10-1 の**球面波**を仮定して、つぎの式のようになります。

$$P_d = \frac{P_t G_t}{4\pi r^2} \quad [\text{W/m}^2]$$

また、受信アンテナから取り出し得る**最大受信電力**を P_r [W]、受信アンテナの利得を G_r とすれば、距離 r を求める式は、

$$r = \lambda \sqrt{\frac{P_t G_t G_r}{(4\pi)^2 P_r}} \quad \text{またはつぎの式のようになります。}$$

$$通信距離[\text{m}] = \sqrt{\frac{送信電力\text{EIRP[W]} \times 受信アンテナの利得 \times 偏波損}{(4\pi)^2 \times 受信に必要な最低電力[\text{W}]}} \times 波長[\text{m}]$$

実際の通信では周囲の金属などの影響があるので、上式は目安です。**EIRP** は Equivalent (Effective) Isotropic Radiation Power 等価（実効）等方放射電力で、送信アンテナの利得（G_t）と送信機の出力（P_t）の積で求めます。

また**偏波損**は、送信と受信の偏波面の不一致による損失で、送信・受信ともダイポール・アンテナのような**直線偏波**の場合、偏波損 F は両アンテナの傾斜角（tilt angle）を τ として、$F = \cos2(\tau)$ で表されます。

図 1-10-2　自由空間で距離 r 離れた送信アンテナと受信アンテナ

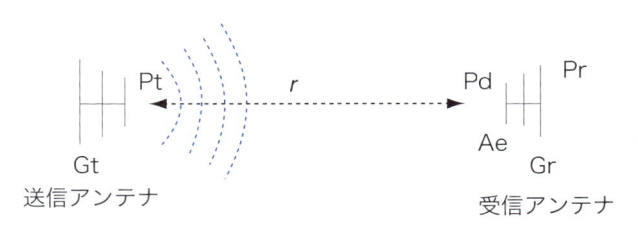

1-11 ワイヤレスの通信速度

●光の速度と電磁波の速度

マクスウェルは**電磁波**の存在を予言しましたが、空間を伝わる電磁波の速さも理論的に計算しています。その値はほぼ 3×10^8 [m/s] ですが、これは光の速さと同じです。そこで彼は、光は電磁波の一種であるという光の電磁波説（1861年）を提唱しました。光は「1秒間に地球を7周り半できる速度」と覚えているかもしれません。

空間を伝わる電磁波の周波数 f [Hz] と波長 d [m] には、つぎの関係があります。この式の分子の数字は、空間における電磁波の速度ですが、光の速度でもあります。

$$f = \frac{3 \times 10^8}{d} \quad [\text{Hz}]$$

●電波を伝える線路

電波は空間を 3×10^8 [m/s] の速度で伝わりますから、ワイヤレスの通信速度は電波の速度と同じです。テレビの電波がアンテナからケーブルを伝わるように、電気を伝える**配線路**にも電波は伝わります。図1-11-1はその仲間ですが、**平行線路（レッヘル線**ともいう）や**マイクロストリップ線路**、**同軸線路**、**導波管**などの**伝送線路**は、いずれも導体に沿って電磁界を伝えるためガイドとしての役割を果たしています。

電波は空間を伝わり遠方へ届きますから、図にはありませんが、**空間**は効率よく電磁波を伝える配線路の仲間と考えられます。また電磁波は真空中も伝わるので、空間は図1-11-1の配線路とは異なり、ガイドとなる媒質すら要らない伝送路といえます。

図 1-11-1　いろいろな配線路

平行線路
リボンフィーダともいう

フラットケーブルは平行線路を何本も並べたもの

マイクロストリップ線路
裏面は薄い金属板

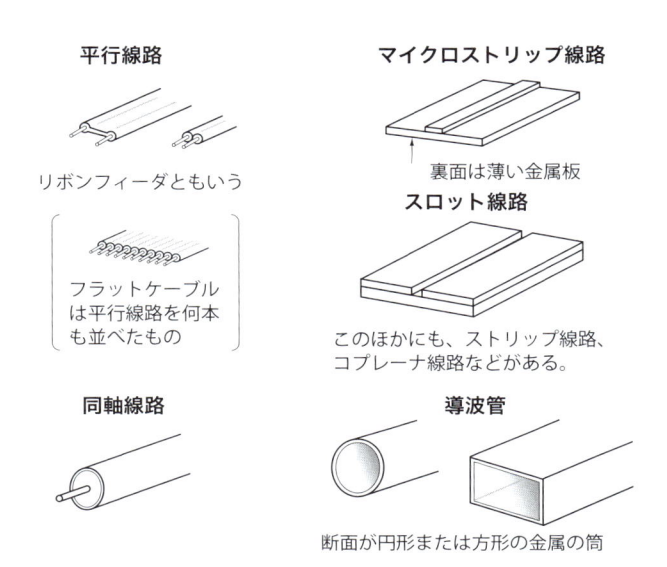

スロット線路
このほかにも、ストリップ線路、コプレーナ線路などがある。

同軸線路

導波管
断面が円形または方形の金属の筒

　図 1-11-1 に示した配線路は、導波管を除いて周りに合成樹脂の**誘電体**があります。電波が誘電体に沿って進むときには、空間の速度よりもわずかに遅くなりますが、その度合いは材質の特性を表す**誘電率**によって異なります。

　空間に誘電体の棒があると、電波は棒の中を進みます。光も電磁波であることを思い出せば、これは**光ファイバー・ケーブル**からも類推できます。空間と誘電体という異なった媒質の境界面では電磁波の一部が誘電体の内部を通り抜けて、残りは境界面で反射します。誘電率の高い媒質（ここでは誘電体棒）から低い媒質（空気）へ向かう電磁波は、**入射角**がある角度を超えると通り抜けなくなります。

　光は**屈折率**の大きい**媒質**から小さい媒質に入射すると、ある角度からは全反射します。誘電体棒の中を進む電磁波にも、これと同じような現象が現れます。

● 光速よりも速い？

　導波管内を電波が伝わる速度は、光速よりも大きくなります。しかし、「光速よりも速いものはない」と思う読者が多いかもしれません。

アインシュタインは「エネルギーが伝わる速度は**光速**より速くはなれない」といいました。しかし、相対論は光速を超える現象をすべて禁じているわけではなく、質量のある「物体」を光速まで加速するのには無限のエネルギーが必要であるといっているのです。

　たとえば、夜空の彼方に長い電光掲示板を置いて、それを移動する表示文字のように、物体が移動しないのであれば、文字という情報が光速以上で通り抜けてもよいわけです。この速度は**位相速度**と呼ばれ、波面（つまり情報）が伝わる速度を表しますから、それは光速よりも速いことがあり得るのです。

❗ ニュートリノは光速を超えるか？

　2011年9月、「素粒子のニュートリノが光速より速く飛行する」という衝撃的な実験結果が発表されました。名古屋大学などの国際共同研究グループが、スイスのCERN（欧州原子核研究機構）の加速器からニュートリノを発射して、イタリアの中部にある研究所で検出して速度を計算しています。

　CERNとイタリアの研究所の時計は、GPS（全地球測位システム）で正確に合わせてあるとのこと。しかし、GPSを使うこと自体に問題はないのかなど、時間計測の信頼性を徹底的に検証するべきだという声が多くの物理学者からあがっています。

　アインシュタインの特殊相対性理論によれば、「質量がある物体の速度は光速を超えない」ので、この実験結果が正しければ、相対性理論で実現が不可能とされているタイムマシンが可能になるかもしれないと騒がれています。同年11月までの国際共同研究グループの再実験でもほぼ同じ結果が得られたと発表されましたが、おおかたの物理学者は慎重派のようです。

1-12 ワイヤレスの消費電力

●アンテナの放射効率

アンテナの**放射効率**は、アンテナに加えた電力がどれだけ放射されるかを表すので、つぎの式で定義されます。

$$\eta = \frac{P_{rad}}{P_{in}} = \frac{R_{rad}}{R_{in}} = \frac{R_{rad}}{(R_{rad} + R_{lost})}$$

ここでP_{rad}：**放射電力**、P_{in}：**入力電力**、R_{rad}：**放射抵抗**、R_{in}：**入力抵抗**、R_{lost}：**損失抵抗**です。放射効率はギリシャ文字のη（イータ）で表されることが多いです。

式の放射抵抗の単位はΩですが、これはアンテナの金属材料によって決まる抵抗損という意味ではありません。電気回路に詳しい読者には、かえってわかりづらいかもしれませんが、放射抵抗R_{rad}はつぎの式で定義されます。

$$R_{rad} = \frac{P_{rad}}{|I|^2}$$

ここでIはアンテナの給電点の電流です。また放射抵抗は、電磁界シミュレーションで**無損失材料**のアンテナ・モデルを作ったときに得られる入力インピーダンスRに相当します。そこで、実際のアンテナの入力抵抗R_{in}は、放射抵抗R_{rad}とアンテナ全体の損失抵抗R_{lost}の合計になります。

●アンテナの入力電力

アンテナに供給される電力を考えるときに、アンテナを見込んだインピーダンスをR_LΩとすれば、電源の**内部抵抗**をR_iΩとして、図1-12-1の等価回路で表されます。

このとき、アンテナに供給される**電力を最大にする条件**は、図1-12-2のグラフからわかるように、R_iとR_Lが等しいときです。

図 1-12-1　アンテナ給電の等価回路　　**図 1-12-2　供給電力が最大の条件**

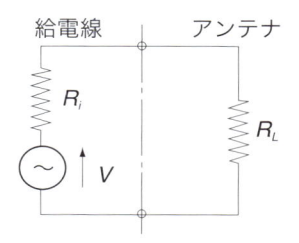

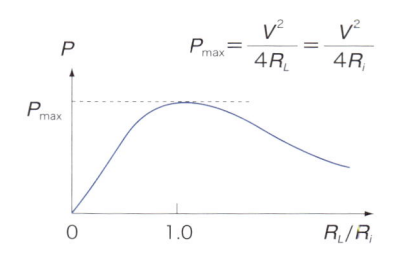

給電線路の**特性インピーダンス**[注]も R_i Ωの場合に完全に整合がとれているので、アンテナの給電点での反射はありません。

このとき、R_i と R_L を R で表せば、アンテナの入力電力 P はつぎの式で得られます。

$$P = I^2R = (V/(R+R))^2 R = V^2/4R$$

例えば、電圧 V が IV、R が 50 Ωの場合は、電力 P は 2.5mW になります（実効値にするため $V^2/8R$ で計算）。 また、完全に**整合（マッチング）**していない場合は、反射によって戻る電力が放射に寄与しないと考えれば、つぎの式のように、最大値から戻りの分を引いた値になります。

$$P = 2.5 \text{ mW} \times (1 - |S_{11}|^2)$$

ここで $|S_{11}|$ はアンテナの**反射係数**（反射電圧の割合）の絶対値を表す。

しかし、実際にはアンテナから戻った電力は再びアンテナへ送り出されるので、上記の式による値は最悪値と考えればよいでしょう。

一般の送信機は **50 Ω**の**同軸ケーブル**を接続することを想定しているので、市販のアンテナはやはり 50 Ωに設計されています。1/2 波長ダイポー

注）線路の特性インピーダンスは、伝送路の電圧と電流の比、あるいは伝わる電磁波の電界と磁界の比で決まる固有のインピーダンスをいう。

ル・アンテナのインピーダンスは約 73 Ω なので、これを特性インピーダンス 50 Ω の同軸ケーブルに直付けすれば、電磁エネルギーの一部が反射されてしまいます。そこで、直線状のエレメントを曲げて、入力インピーダンスを 50 Ω に設計したアンテナもあります。

ワイヤレスの消費電力は、このようにアンテナの整合状態に左右されますが、アンテナから放射できる電力は、電波法によって定められた上限を守る必要があります。

❗ ポインティング電力とは？

電波は電磁波ともいわれるように、電界と磁界が波のように移動しています。マクスウェルの方程式から、空間を旅する電波は電界（電気力線）と磁界（磁力線）が直交しており、進行方向に垂直な波面上にあるので、これを平面波と呼んでいます。

電界 E と磁界 H は、大きさと向きを持つベクトル量で、その積 E×H の単位は、電界 [V/m] と磁界 [A/m] の各単位から [W/m^2] になります。これは、ポインティング・ベクトルまたは放射ベクトルと呼ばれており、ワット／平方メートルは単位面積を通過する電力と考えられます。

ポインティング・ベクトルは、電磁波によって運ばれる電力の流れを示すベクトルと考えられますが、このためポインティング電力ともいわれています。

1-13 光による通信

●ワイヤレスは光へ

光も電磁波なので、ワイヤレスの通信で使われています。1-9節の図1-9-8の不純物半導体のp型とn型の領域が接している**ダイオード**を、**pn接合ダイオード**といいます。図1-13-1のようなpn接合ダイオードのp型半導体の**アノード**にプラス、n型半導体の**カソード**にマイナスの電圧を加えると、p型とn型の接合面付近では、p型半導体の**ホール（正孔）** とn型半導体の**電子**が再結合しながら電流が流れます。このとき、再結合で余ったエネルギーが光として放出されますが、発光する半導体は、**GaAs（ガリウム砒素）** や **GaN（ガリウム窒素）** などです。

これは**発光ダイオード**、または **LED**（Light Emitting Diode）と呼ばれています。白熱電球に代わるLED電球は、小さな白色LED素子が数多く並んでいます。またLEDは発光する光の波長により図1-13-2のような種類があり、赤外線による **IrDA** 規格は、**携帯電話**で採用されて普及しました。

図 1-13-1　発光ダイオードのしくみ

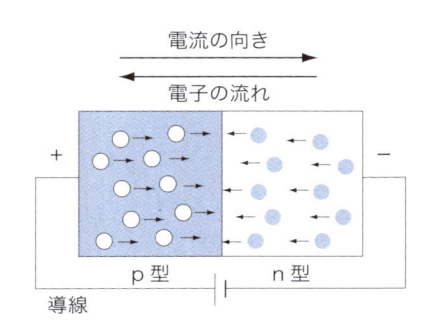

図 1-13-2　LED の種類（波長はおおよその値）

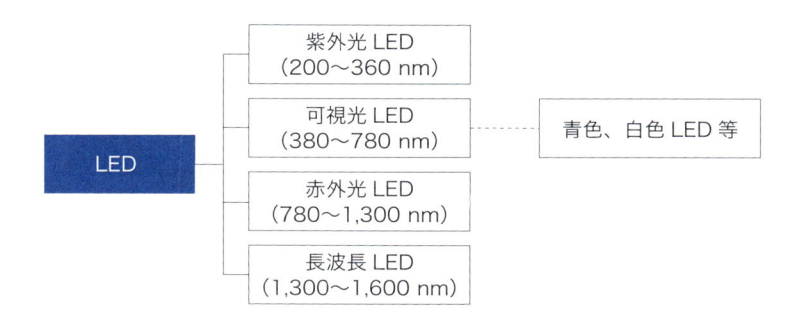

```
LED ─┬─ 紫外光 LED
     │   （200～360 nm）
     ├─ 可視光 LED ----- 青色、白色 LED 等
     │   （380～780 nm）
     ├─ 赤外光 LED
     │   （780～1,300 nm）
     └─ 長波長 LED
         （1,300～1,600 nm）
```

●レーザー光によるワイヤレス

レーザー光（LASER：Light Amplification by Stimulated Emission of Radiation）は、図 1-13-3 の**半導体レーザー**の発光原理によって作られる人工の光です。プレゼンテーションで用いるレーザー・ポインターの光からもわかるように、レーザー光は指向性に優れた鋭いビームの光です。

図 1-13-3　半導体レーザーの発光原理

```
       ┌─────────────────────┐
       │     p 型半導体       │
pn 接合層│ ⊕ ⊕ ⊕ ⊕ ⊕ ⊕ ⊕ ⊕  │         レーザー光
       │ ↑ ↑ ↑ ↑ ↑ ↑ ↑ ↑  │ ───▶
       │ ⊖ ⊖ ⊖ ⊖ ⊖ ⊖ ⊖ ⊖  │
へき開面→│     n 型半導体       │←へき開面
       └─────────────────────┘
```

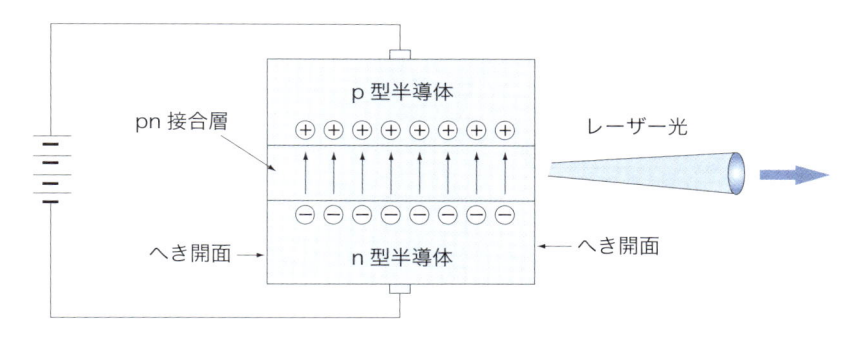

　レーザー光は、光が位相を整えて放射される**誘導放出**の原理を基にしています。図 1-13-3 の半導体レーザー（LD：Laser Diode）は、半導体素子の両側面が屈折率の違いから反射鏡になっています。これは特定方向の結晶面で、**へき開面**と呼ばれています。

また、pn 接合層と p 型半導体および n 型半導体は、光ファイバーの屈折層のように働き、全反射して光が漏れにくくなっています。これらによって、閉じこめられた光は共振して、誘導放出を繰り返しながら増幅されて、レーザー光となって放射されるのです。

　LD は、CD や DVD、BD（Blu-ray Disc）のデータを読み出す**光ピックアップ**に使われています。また**レーザー・プリンター**や**レーザー測量機**、医療分野では、**レーザー治療器**や**レーザー・メス**にも応用されています。

　レーザー光は光ファイバーを用いた通信にも使われていますが、ワイヤレスの世界では、ビルの屋上に設置して、対向するビル間の高速空間伝送にも使われています。

❗ 光も電磁波の一種

　マクスウェルは電磁波の存在を予言しましたが、空間を伝わる電磁波の速さも理論的に計算しました。その値はほぼ 3×10^8 [m/s] となり、当時測定されていた光の速さと同じでした。そこで彼は、「光は電磁波の一種である」と提唱したのでした（1861 年）。

　フランスの物理学者フィゾー（1819 〜 1896 年）は、1849 年に光速の測定に成功しています。彼は、回転する歯車のすき間を通過する光を利用して、歯車の回転速度と歯数から光速が秒速 31.3 万 km であると計算したのでした。

　測定装置の光源には反射鏡をつけたロウソクが使われたそうで、機械的なしくみを考えても、これは精いっぱいの結果でしょう。

1-14 ワイヤレス LAN の普及

● LAN と WAN のしくみ

企業などで多くの人がパソコンを使う場合、それぞれをつなげると便利です。電線を使って多くのコンピュータをつなげたものは、**LAN**（ラン）(Local Area Network) と呼ばれています。

同軸ケーブルなどの電線を使って伝える電気信号の規格を、**イーサネット**(Ethernet) と呼んでいますが、これは世界的な取り決めなので、国際規格に基づく LAN の装置を持ったパソコンは、イーサネット・ケーブルでつなげると、簡単に LAN を構成することができます。

図 1-14-1 に示すルーターは、複数のコンピュータ・ネットワークを接続する装置です。データはパケットという単位で管理されますが、パケットの宛先アドレスを調べれば、それがルーターのどちらの側にあるかわかるので、その先にパケットを送ります。

図 1-14-1　ルーターを使って広がる LAN と WAN

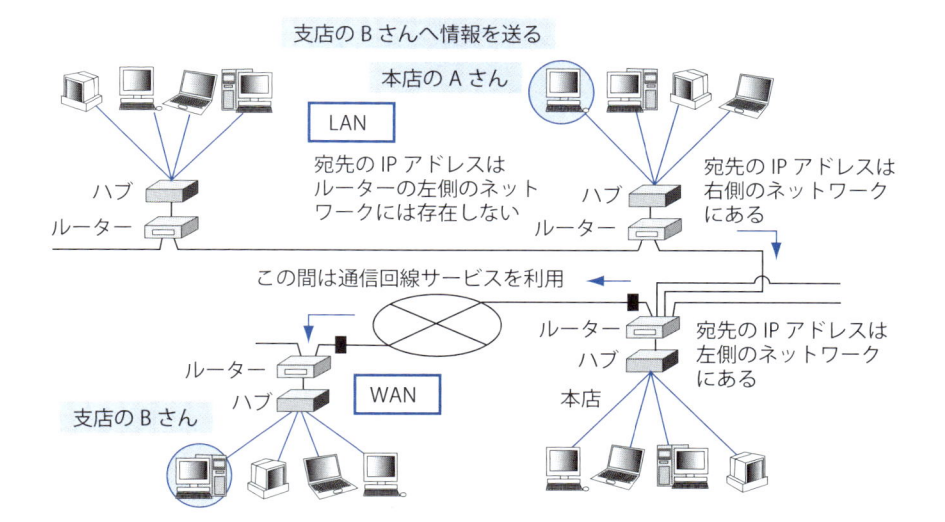

そこには別の**ルーター**があって、届いたパケットについても同じよう振り分け、ルーターはつぎからつぎへ到着するパケットを交通整理しています。

大規模な LAN になってくると、ルーターの数が増えてその管理が大変になりますが、企業では、図 1-14-1 の本店と支店の間のように、通信回線サービスを使って遠隔地とつなぐことで、さらに広範囲のネットワークを構成することもあります。

このように通信回線サービスを利用して、パソコンを LAN の範囲外につないだものを、**WAN**（ワン）（Wide Area Network）と呼ぶことがあります。専用線サービスを使うこともありますが、インターネットを利用して企業間をつなげることもできます。

● ワイヤレス LAN

パソコンを無線通信させることで LAN を構成するのが**ワイヤレス LAN**（**無線 LAN** ともいう）で、図 1-14-2 はワイヤレス・ルーターの例です。

図 1-14-2　ワイヤレス・ルーターの例
（株式会社バッファロー）

通信方式は、有線の場合の **CSMA/CD**（Carrier Sense Multiple Access with Collision Detection）と似ているもので、**CSMA/CA**（Carrier Sense Multiple Access with Collision Avoidance）を採用しています。有線では、データ・パケットを送信したときに**パケットの衝突**（collision）を**検出**（detection）したら、一定時間待ってから再度パケットを送信するという手続きになっています。

有線では衝突のときに反射する電気信号で感知しますが、無線の場合は、反射による搬送波（伝送するための波）を感知するのは困難です。そこで、つねに電波を受信して、いま電波が他から送信されているか、あるいは自分宛に送られているかを監視して、衝突を避ける（avoidance）方法をとります。これらはよく似ている方式なので、基本的には伝送の経路が「電線」あるいは「空間」という点だけが異なると考えられます。

●ワイヤレス LAN のアクセス・サービス

　ユビキタス・ネットワークやユビキタス社会といわれているように、ワイヤレス LAN のしくみは、**ユビキタス**（Ubiquitous）の意味する「いつでも、どこでも、だれでも」を実現しています。

　ケータイやスマホもその一翼を担っています。これらの基地局を中心とした一定領域のセルによる通信を**セルラー・システム**と呼んでいます。セル内の電波が届く範囲をセクターといいますが、指向性の強いアンテナを用いて、例えば正六角形で等分割して、6つの放射方向に分けています。

　図 1-14-3 は、2.4GHz 無線 LAN 屋外通信用 の**セクター・アンテナ**です。これは 5 本の金属棒を背後に並べて反射波を作り、中央のアンテナの電波と合成して指向性を得ています。

図 1-14-3　セクター・アンテナの例
（株式会社バッファロー）

　このセクター・アンテナを使えば、指向性を持たせることで図 1-14-4 のようにサービスエリアを絞りながら、パソコンやスマートフォンなどと LAN に接続することができます。また、公共の場でワイヤレス LAN を利用する、いわゆるホットスポットを設置する場合にも使用されています。

図 1-14-4　セクター・アンテナによる LAN のスポット

1-15 様々なワイヤレス・システム

● WPAN とは

WPAN（Wireless Personal Area Network）は、**無線 PAN** ともいいますが、LAN よりも近距離のネットワークを PAN と呼び、一般的には数センチメートルから数メートルの通信距離を想定しています。接続する機器は、パソコンだけでなく **PDA**（携帯情報端末）や**携帯電話、シリコンオーディオ**などの携帯音楽プレーヤーやヘッドセットなども対象です。

これらは配線ケーブルをワイヤレス化しているだけなので、ネットワークとはいえませんが、例えば **ZigBee**（ジグビー）という規格は、それぞれの機器を連携させるネットワーク機能を持っています。

● いくつかの規格

Bluetooth（ブルートゥース）や Zigbee、**UWB**（Ultra Wide Band）は、IEEE（米国の電気電子学会）が定めた WPAN の標準化規格で、それぞれ特長のある用途で使われています。

Bluetooth は、携帯電話などで**ヘッドセット**をワイヤレスにした**ハンズフリー通話機**にも使われています。図 1-15-1 は、Bluetooth 対応携帯電話と組み合わせて、自動車内で携帯電話を手に持たずに通話できる製品です。

図 1-15-1　ハンズフリー通話機の例
（ロジテック株式会社）

Zigbee は、通信速度が数百 kbps（キロビット秒）と遅く、通信距離も短いのですが、消費電力が少ないので、家電のネットワーク化などの用途のほか、電池で数年間稼動するメリットを活かした、ワイヤレス・センサーの通信としても使われています。

UWB は、10 メートル程度の近距離通信を想定していますが、高速通信

が可能なので、映像データの転送などの用途が考えられます。

● 無線 IC タグのしくみ

非接触 IC カードや**おサイフケータイ**に内蔵されている無線式カードは、1970 年代から開発が始まった**無線タグ**の技術が発展して商品化されました。タグ（tag）は荷札という意味ですが、バーコードが付いた荷札に代わるものとして、1980 年代に IC を付けたタグが開発されました。

その後 IC チップは小型化されて **13.56MHz**、**900MHz 帯**、**2.45GHz** の 3 種類が中心になり、さまざまな業務用に**無線 IC タグ**が使われるようになってきました。

13.56MHz 用では、カードサイズのものが普及しています。これは SONY が開発した **FeliCa** の技術が使われています。

図 1-15-2 は無線 IC タグの内部で、5 回巻のコイルにゴマ粒のように小さい IC が付いているのがわかります。

図 1-15-2　無線 IC タグのコイル

コイルに電流が流れると、その周りに磁界が発生します。タグの情報を読み書きするためには、**リーダ・ライタ**で発生する磁界をタグのコイルの中に通す必要があります。それはタグが電池を内蔵していないので、ファラデーの電磁誘導によって起電力を発生させて、タグの IC を動かすためです。

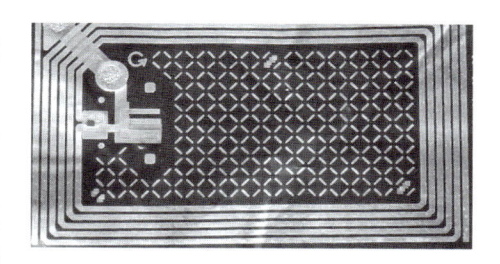

● 900MHz 帯の無線 IC タグ

900MHz 帯は **UHF 帯**とも呼ばれています。この無線 IC タグは、ヨーロッパ（868MHz 帯）、米国（915MHz 帯）、日本（2012 年に 953MHz 帯から 920MHz 帯へ移行）で、少しずつ動作周波数帯が異なります。

これらを共通に使おうとすれば、IC はこれらの周波数に対応する回路にしなければなりませんし、アンテナもすべての周波数帯を使用できる広帯域な設計が必要です。

UHF帯では、**電磁誘導方式**よりも、電波を使って通信距離は数メートルと長くした方式が主流で、例えばダンボール箱に貼って大量の荷物を管理するような、流通業での利用が検討されました（図1-15-3）。

　また組み立て工場で、それぞれの部品に貼って、部品の管理や生産管理にも役立てられています。

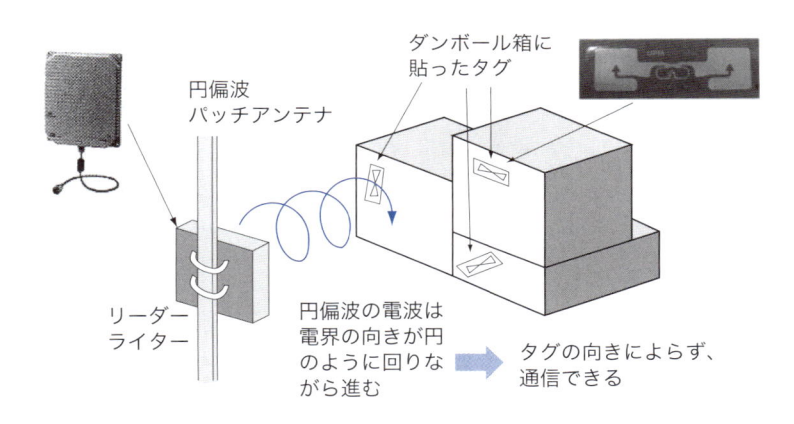

図1-15-3　ダンボール箱に貼ったUHF帯の無線ICタグ

　UHF帯の無線ICタグは、ダイポール・アンテナをもとにしているので、金属の板などに貼り付けると動作しなくなってしまいます。そこで開発されたのが図1-15-4の金属対応タグで、金属面上に形成して動作するパッチ・アンテナの原理を応用した製品が開発されています。

図1-15-4　金属対応タグ（ニッタ株式会社）

1-16 ワイヤレスで広がる世界

●ワイヤレス・ビジネス

ワイヤレス（wireless）は無線という意味ですから、オフィスの有線LANのケーブルがなくなれば、デスクの周りはすっきりします。また家庭内でも、テレビやオーディオ機器、録画装置などの複雑な接続がワイヤレスになれば、ごちゃごちゃした配線にわずらわされることもなくなるので、さまざまな機器のワイヤレス化が進むと考えられます。

しかし一方で、家庭内LANをワイヤレス化してみると、部屋によってはパソコンの接続が不安定になることがあり、原因を見つけるのが有線よりも難しいという問題も発生します。

また、ワイヤレスの要であるアンテナは、もともと空間にあって動作するように設計されているので、金属の近くに置くと動作しなくなることもあります。そこで、過酷な設置環境下でも安定して動作させるという新技術がつぎつぎに開発され、高性能化の競争が新たなビジネスチャンスを創出し続けているというのが、ワイヤレスの現場なのです。

●ワイヤレス・イノベーション

ヘルツや長岡半太郎、マルコーニらの時代には、勝手に電波の実験ができましたが、現代は周波数の割り当てが満杯になるほど、ワイヤレスが実用化されています。それらの波長は、例えばETCの5cm（5.8GHz）から電波時計の7.5km（40kHz）までと、途方もなく広範囲であるにもかかわらず、アンテナの寸法はどれも手のひらサイズが要求されます。

今日の**ワイヤレス・イノベーション**は、ケータイやスマホが牽引しているともいえるでしょう。東日本大震災では携帯が通話できなくなるという経験をしましたが、社会的インフラに関連したシステムは、その信頼度が最優先されます。つぎの章からは、ワイヤレスの不思議やワイヤレスの技術を知り、ワイヤレスとの上手なつきあい方を学んでいくことにしましょう。

第2章

ワイヤレスの不思議

　ケータイやスマホを使いながら「電波は不思議だ」と感じたことはないでしょうか？　すっかりインフラの仲間入りを果たした電波なのですが、ふと電波のことを知りたいと思ったら、本章でワイヤレスのしくみを知り、その不思議を再認識してください。

2-1 音を伝えるしくみ

●音を電気に変える

音は空間を**音波**で伝わります。声を発すると喉が振動して、空気の振動となって空間を伝わりますが、空気を構成している分子は、音波が伝わる方向の前後に振動しています。このような波は**縦波**と呼ばれていますが、空気の分子は先まで進むわけではなく、その位置で前後に振動しています。

音声は**マイクロフォン**によって電流の強弱に変換できます。**音声信号**は周波数が低いので、これを電波に乗せるためには、いくつかの方法があります。

音声信号などを高周波電流の振幅の変化で表す方式は **AM**（Amplitude Modulation）または振幅変調で、伝送するための高周波を**搬送波**といいます。また変調とは、音声信号などを搬送波に組み入れることをいいます。

図 2-1-1　振幅変調と周波数変調のしくみ

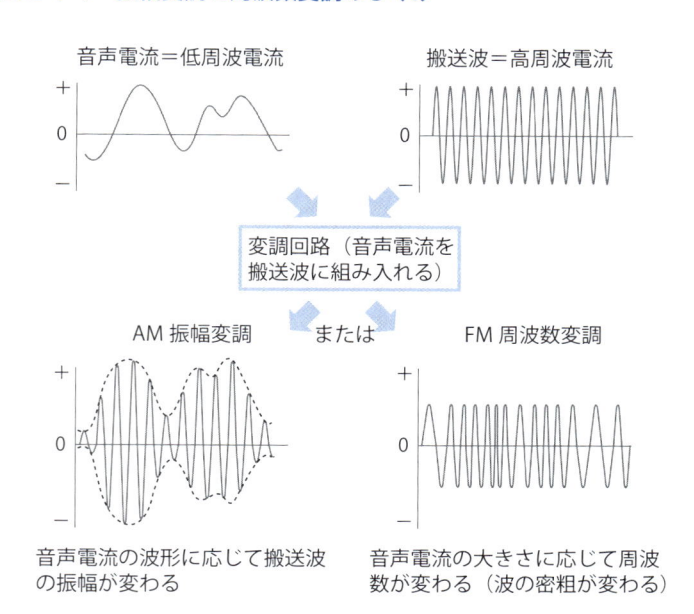

音声電流＝低周波電流

搬送波＝高周波電流

変調回路（音声電流を搬送波に組み入れる）

AM 振幅変調　または　FM 周波数変調

音声電流の波形に応じて搬送波の振幅が変わる

音声電流の大きさに応じて周波数が変わる（波の密粗が変わる）

●雑音のない FM

　電波の振幅は、いろいろな機器からの妨害波などで変化してしまうので、音声以外の**雑音**も入りやすくなります。そこで、音の信号を搬送波の周波数の変化に置き換える方式 **FM**（Frequency Modulation）または周波数変調が使われます。

　FM は雑音が少なく音楽を放送するのに適していますが、日本で使用している FM 放送は、周波数が 76 〜 90MHz の**超短波帯**なので、建物などの障害物があると電波が届きにくくなるという弱点があります。

　音声の周波数範囲は 200Hz 〜 4kHz で、電話では 300Hz 〜 3.4kHz の周波数範囲を伝えています。また人間の**可聴範囲**は 20Hz 〜 20kHz といわれていますが、FM 放送は AM 放送に比べて周波数が高いので、低い周波数から高い周波数までの信号を搬送波に組み入れられます。図 2-1-2 は、FM が AM に比べて音質がよいわけを示しています。

図 2-1-2　FM が AM に比べて音質がよいのは？

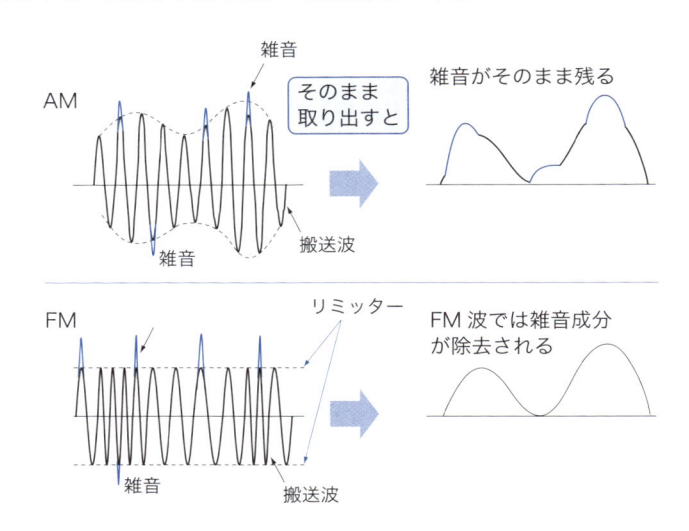

●位相変調方式とは

振幅変調や周波数変調はわかりやすいですが、この他に**位相変調 PM**（Phase Modulation）があります。

位相変調を採用している例は多くないのですが、例えばアマチュア無線家が使っている FM 無線機には、**可変リアクタンス位相変調**で「FM 波」を出している機種があり、これは実際には位相変調を使っています。

さて、図 2-1-3（a）は送信したい低周波の信号です。図 2-1-3（b）は搬送波の信号波形ですが、(a) の振幅が変化するにつれて、(c) の変調波形は横軸（時間軸）方向にずれているのがわかります。

このように、音の信号を電波として送り出すためには、AM、FM、PM の3つの方式があります。これらは波の要素である振幅、周波数、位相を変えることで、搬送波である**高周波**（ワイヤレスで扱う電波）に、伝えたい情報を乗せているというわけです。

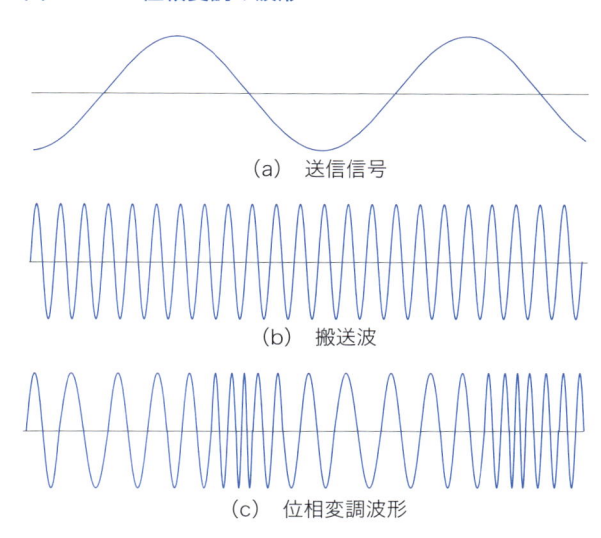

図 2-1-3　位相変調の波形

（a）　送信信号

（b）　搬送波

（c）　位相変調波形

2-2 画像を伝えるしくみ

● FAX のしくみ

　画像を電気信号に変換するしくみは、ファクシミリの送信と受信のしくみを調べるとよくわかります。**ファクシミリ（ファックス：FAX）** は、電話回線で画像を送りますが、送る側では画像を読み取って電気信号に変える送信部が動作します。また受信側では、受け取った電気信号を画像にもどす受信部が動作します。

　図2-2-1はファックスの送信と受信のしくみを示しています。送信する原稿は、左上の端から順に細かいマス目の単位（ドット）で、原稿の右下端まで順次読み取ります。これを走査（スキャン）といい、このときマス目が黒いときと白いときで、それぞれ別の電気信号にして、受信側へ送られます。

図2-2-1　ファックスの送信と受信のしくみ

画面を横直線状に順次読み取りながら細かい画素の明暗の度合いを電気信号に変換する

送信する画像の縦横の比率や走査の折り返しの位置などの情報を一緒に送る

FAXは読み取るときにデータを圧縮しているので、送信する原稿に空白が多いと早く読み取ることができる

変換された電気信号が電話回線で送られる

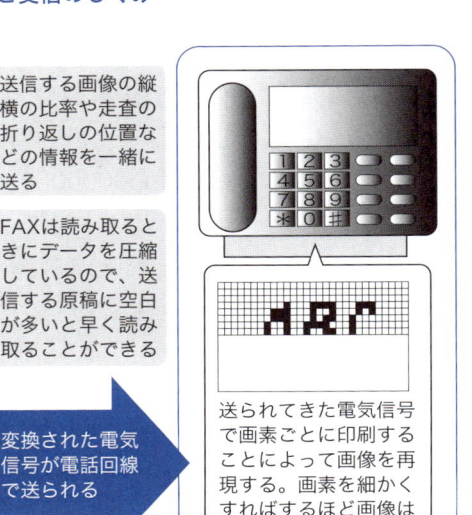

送られてきた電気信号で画素ごとに印刷することによって画像を再現する。画素を細かくすればするほど画像は鮮明になる

送信側　　　　　　　　　　　受信側

受信側では、電話回線から送られてきた電気信号を、黒いドットのときに印刷用紙に感光させて、送信原稿を再現させるしくみです。送信のときに画像の鮮明度を選ぶことができますが、このときには、ドットの指定がより細かくなって送られ、受信側もそれに応じて、鮮明な画像を再現できるようになっています。

●色の表現方法

画像のデータは、モノクロ（白黒）であれば1**ドット**（**ピクセル**ともいう）を1または0のデジタルデータに対応できますが、**カラー画像**の場合は、**RGB カラーモデル**で色を表現します。これは、赤（Red）、緑（Green）、青（Blue）の三原色を混ぜて1つの色を表す方法で、RGB はこれらの3原色の頭文字を並べています。

RGB は、デジカメや液晶ディスプレイ（LCD）などで画像を表示するときに使われていますが、それぞれの色はいくつかの方法で数値化されます。例えば、赤・緑・青の各要素を0から255までの256個の数字で表現する方法があります。

これはコンピュータで色を表示する場合に使われており、例えば赤は255、0、0と表します。プログラムでは0から255までの数字を16進法で表すことが多いので、例えば赤は、FF, 00, 00となります。これは Web ページで使われている HTML では、#FF0000 のように記述します。また、ビット列では 111111110000000000000000 のように表されます。

一般にフルカラーやトゥルーカラーと呼ばれているのは、RGB の各色が8ビットの情報を持ち、それぞれ256階調（色の濃淡の段階）まで再現できます。そこで、この方式で表現できる組み合わせ数は、256の3乗で16,777,216色となります。

● JPEG 圧縮

大きなサイズの画像は、単純にデジタル化するとデータ量も大きくなります。そこで、画像データを圧縮する **JPEG**（ジェイペグ）などの方式が使われています。

静止画の隣り合うピクセルは、なめらかな画像の領域では同じデータにな

る確立が高くなります。一方、輪郭がはっきりしている領域では隣り合うピクセルのデータも異なるので、この輪郭部分の情報を送り、それ以外はまとめたデータとして送れば、画像を機械的にデジタル化するよりも少ないデータで送ることができます。インターネットのWebサイトでは、JPEG以外に**GIF**（ジフ）もよく使われています。

情報量の計算

目的地までの道順を知っていれば、何の不確実性もなく進むだけなので、情報量はゼロです。2分岐点では、こちらが目的地という情報がなければ、当たる確率は1/2です。また4叉路では1/4の確率です。そこで、情報量（不確実性）はそれぞれの分母をとって2と4としてはどうでしょうか。

しかし2分岐点の先に4叉路があったらどうでしょう？情報量は2と4なので合計6でしょうか？しかし、この道の行き方の通り数は明らかに2×4=8通りです。その先にも分岐があれば、それらを合計するのに、かけ算をしていくのはいかにも不便です。なんとか足し算にする方法はないものでしょうか。

そこで登場するのがlog（対数）で、情報量を2と4ではなくlog 2とlog 4で表せばよいわけです。log 2 + log 4はlog 8です。対数の底を2として、log 2 = 1、log 4=2なので、log 8は1+2 = 3と、足し算ですむのです。

この方法では、2分岐（1か0か）はlog 2=1ですが、そもそもこのことを1ビットと呼び、このビットを情報量の単位とした、ということです。4叉路はlog 4=2で2ビットですが、2進法で表せる数は、00、01、10、11と、4通りです。

2-3 動画を伝えるしくみ

●テレビのしくみ

　動画を電気信号に変換するしくみは、**テレビのしくみ**を調べるとよくわかります。最近は液晶やプラズマ方式のテレビモニタが普及していますが、ブラウン管はテレビのしくみを知るためには適しています。図 2-3-1 に**ブラウン管テレビ**の構造を示します。

図 2-3-1　ブラウン管テレビの構造

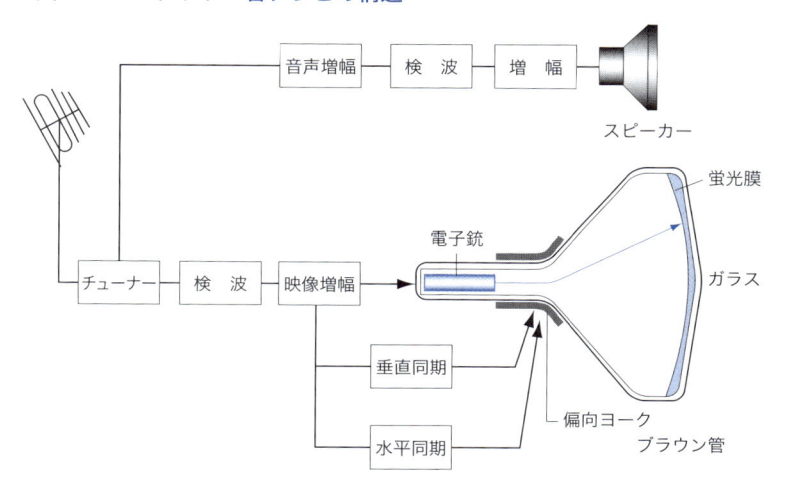

　ブラウン管は **CRT**（Cathode Ray Tube）とも呼ばれ、増幅された映像信号が電子銃に送られ、**電子ビーム**をブラウン管の裏面に塗られた蛍光面にあてます。表面からでは、ある 1 点が発光しているにすぎませんが、偏光ヨークで左上から右下へ電子ビームをすばやく動かすと、画面が表示されます。

　テレビ電波は映像と音声の周波数がわずかに異なります。また、画像を正しく表示するための同期信号も含まれますが、これらは連座億的な**アナログ信号**で、図 2-3-1 は**アナログテレビジョン**放送を受信している説明図（テレビ電波が映像になるまで）です。

● 動画が表示されるしくみ

　電子ビームは、右端へ達すると、1段下がって左から右へと動き、右下端で1画面分が終わりますが、また左上から繰り返します。この電子ビームの動きを**走査**（**スキャン**）といいますが、走査する線の数は、通常のテレビ放送で525本、ハイビジョンでは1125本もあります。

　これを毎秒30画面（30フレームともいう）で表示すると、電子パラパラ漫画のように、動く画像（動画）ができるのです。図2-3-2に動画が表示されるしくみを示します。

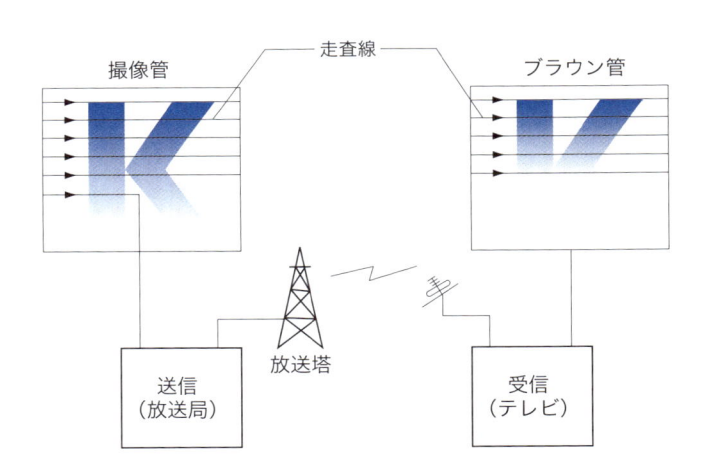

図2-3-2　動画が表示されるしくみ

撮像管　　走査線　　ブラウン管

送信（放送局）　放送塔　受信（テレビ）

● MPEG 圧縮

　地デジの映像はデジタルデータとして伝送され、動画は**MPEG2**（エムペグツー）という方式で圧縮されています。動画は、変化がある部分とそれ以外の背景などに分けると、静止している部分のデータはつぎの変化までは必要ありません。

　MPEGでは、画像全体を圧縮して1秒間に数枚だけ送りますが、動いている部分の複数のフレームをメモリに貯めて、前後のフレームの差分の信号を送り、動画データの総量を大幅に圧縮しているのです。

2-4 電力を伝えるしくみ

●電磁誘導による電力伝送

13.56MHz 用の無線 IC タグは、**リーダ・ライタ**で発生する磁界をタグのコイルの中に通して、ファラデーの**電磁誘導**(第1章)によって起電力を発生させてタグの IC を動かしています。

図 2-4-1 は、13.56MHz 用の無線 IC タグに電力を伝えるしくみです。また、図 2-4-2 は、**電磁界シミュレータ**で計算した、コイルの周りに発生する**磁界**(**磁力線**)の分布です。

図 2-4-1　IC タグに電力を伝えるしくみ

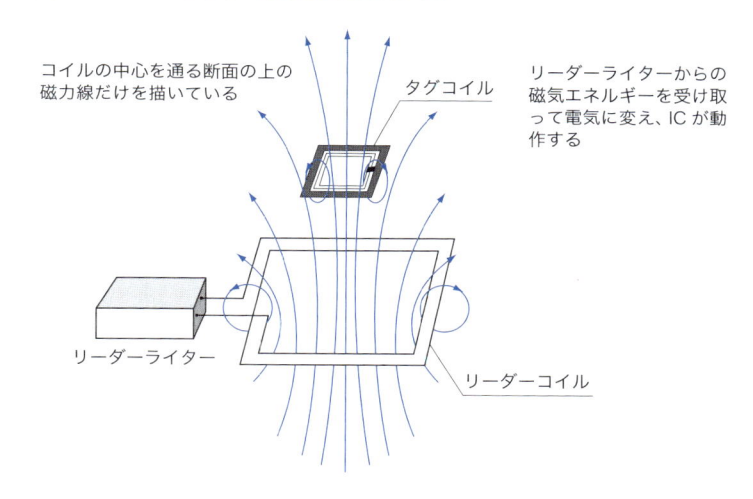

コイルの中心を通る断面の上の磁力線だけを描いている

タグコイル

リーダーライターからの磁気エネルギーを受け取って電気に変え、IC が動作する

リーダーライター

リーダーコイル

●ファラデーの電磁誘導

図 2-4-3 は、2つのコイルを使って電圧の大きさを変える変圧のしくみを説明しています。この装置を変圧器といいますが、鉄心に導線を巻いた2つのコイルがあり、左が1次側コイル、右が2次側コイルです。

図2-4-2 コイルの周りに発生する磁界

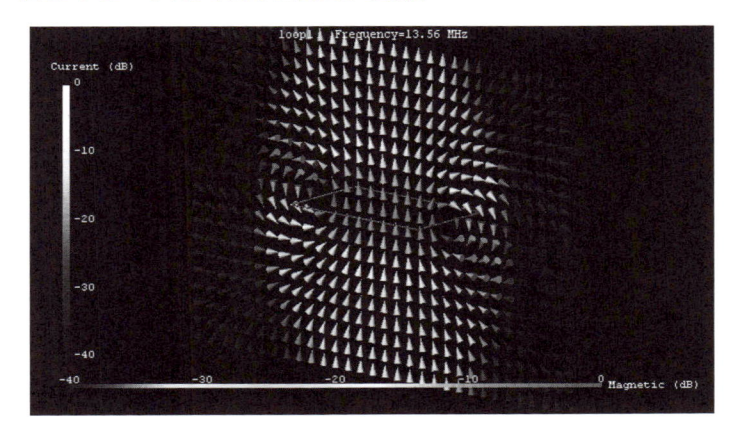

図2-4-3 2つのコイルを使った変圧器

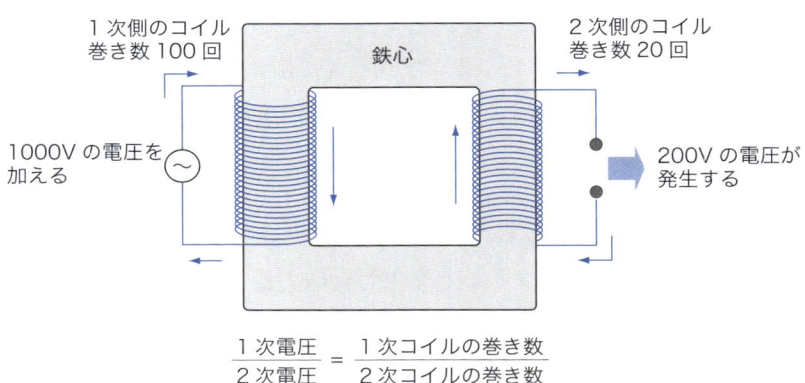

1次側のコイル 巻き数100回
鉄心
2次側のコイル 巻き数20回
1000Vの電圧を加える
200Vの電圧が発生する

$$\frac{1次電圧}{2次電圧} = \frac{1次コイルの巻き数}{2次コイルの巻き数}$$

　図2-4-4は、イギリスの物理学者マイケル・**ファラデー**（1791〜1867）が電磁誘導を発見したときに使った実験器具です。リングの左と右にコイルが巻かれていますが、これらは図2-4-3の1次側コイルと2次側コイルに相当します。

ファラデーは、2次側コイルに検流計（電流計）をつなぎ、1次側コイルの電池を瞬間的につないだり離したりしたときだけ検流計の針が動くことを発見しました。

電池をつなぎっぱなしにしたときにはこの現象が起きないことから、彼は時間とともに変化する電流、つまり**交流**を加えることが重要であると考えました（図2-4-3では交流電源のマークで示している）。

図2-4-4　ファラデー自作のコイル

いま1次側コイルに交流の電気を加えると、それによってできる**磁力線**が変化して、2次側コイルに起電力を発生させることができます。このとき1次側コイルの電圧と2次側コイルの電圧の比は、1次側コイルの巻き数と2次側コイルの巻き数の比に一致します。

例えば、2次側の電圧を2倍にしたいときには、2次側の巻き数を2倍にすることで得られます。このように、交流を使えば容易に希望の電圧に変圧できるようになります。

●ワイヤレス電力伝送のしくみ

変圧器の鉄心は、1次側コイルで発生した磁力線を集めて2次側コイルの中に貫通させる役割を果たします。ファラデーの電磁誘導は磁力線によって生じるので、図2-4-1の無線ICタグのしくみのように、双方を共振（共鳴）させることで、鉄心がない空間でも電力を伝えることができます。

図2-4-5は、効率のよい**ワイヤレス電力伝送**が開発されるきっかけとなった実験で、2m先の60W電球をワイヤレスで点灯しています。コイルは約10MHzで共振して、強い磁力線が2m先のコイルを貫通します。このとき伝送効率は45〜50%で、コイル間の距離が近づけば90%以上になることが確認されました。

図 2-4-5　ワイヤレス電力伝送で 60W 電球を点灯（マサチューセッツ工科大学）

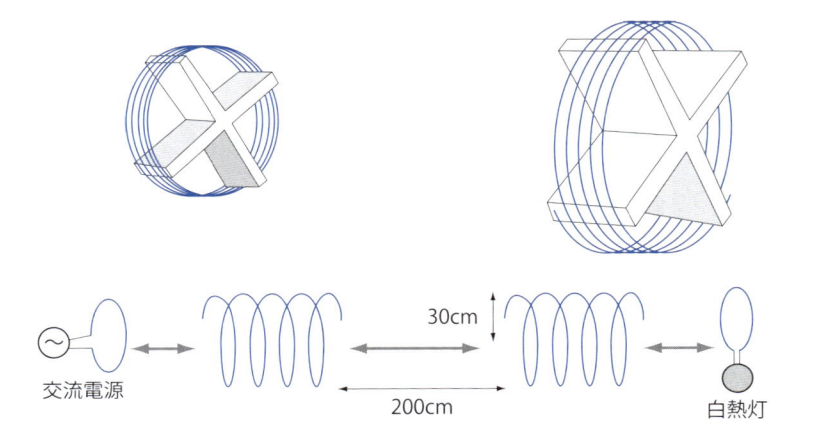

> ⚠️ **RFID タグの普及**
>
> 　筆者らは、10 年ほど RFID タグのアンテナ設計に携わっています。13.56MHz のタグは歴史がありますが、いまだに新規開発が続いているのは、次々と新しい分野で需要が発生し、まだまだ開発の余地が残っているからでしょう。
>
> 　おサイフケータイにも内蔵されている無線 IC タグは、バーコードがついた荷札（tag）に代わるものとして、1980 年代に開発がはじまりました。スーパーマーケットで扱う商品につけて、レジの無人化が実験されたこともありましたが、13.56MHz のタグは通信距離が短く、現在は文字どおり非接触 IC カードとしての用途が主流です。

2-5 デジタル化の流れ

●デジタル化のしくみ

　画像に限らず、動画や音声も**デジタル化**の基本的な手法は変わりません。アナログの信号波形は、図2-5-1に示すような方法で、1と0の2値だけで表すことができます。DVDやブルーレイなどの光学記録メディアは、表面に並んだ小さなくぼみ（ピット）の有無が1と0に対応しています。

　アナログ信号は一定の時間間隔で測定され、これを**標本化**または**サンプリング**といいます。また、標本化で得たそれぞれの時刻のアナログ値をデジタルデータで近似的に表すことを**量子化**といいます。そして、その値を表すのに用いるビット数を量子化ビット数といいます。

　図2-5-1の例では6ビットで表していますが、実際のデジタル変換では、8ビット、16ビット、32ビットなどがあります。

図2-5-1　2値化の手順

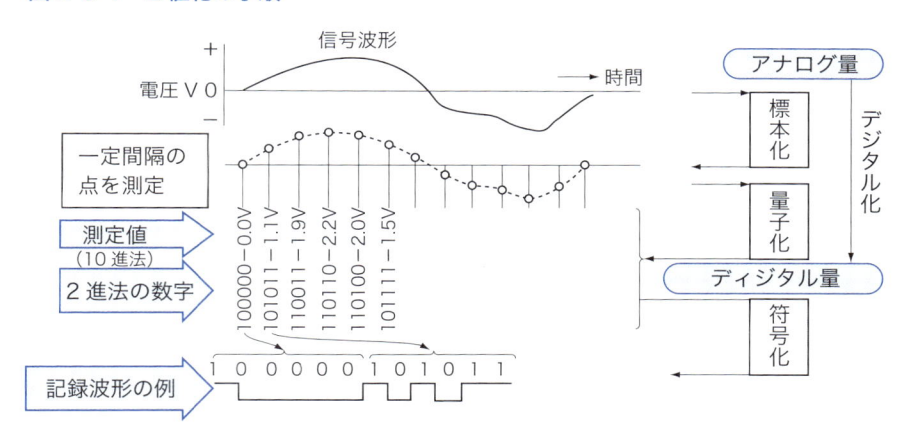

　例えば、量子化ビット数12ビットで$-10 \sim +10V$を変換する場合、20Vを2^{12}等分するので、$20/4096 ≒ 5×10^{-3}V$となり、5mVの違いを区別できます（これを分解能が5mVともいう）。アナログ信号をデジタル値に変換す

る装置を **A-D 変換器**（Analog to Digital converter）と呼びますが、実際の構成では LSI になっている回路が多く使われています。

●地デジの電波はデジタル？

アナログ放送から**デジタル放送**に変わることで、受信用アンテナのしくみも変わるのではないかと思うかもしれません。これは実際にあった話しですが、地デジにはデジタル専用のアンテナが必要と、いわれるままにそっくり交換して高額の工事代金を請求されたという被害がありました。

デジタル放送波はアナログ用のアンテナでは受信できないと考えるのは、アナログ放送の電波の波形はなめらかで、デジタル放送の波形は角張っているとイメージするからかもしれません。確かに扱う信号の波形はそうなのですが、地デジの電波は図 2-5-2 に示すようにアナログなのです。

図 2-5-2　デジタル通信の電波はアナログ

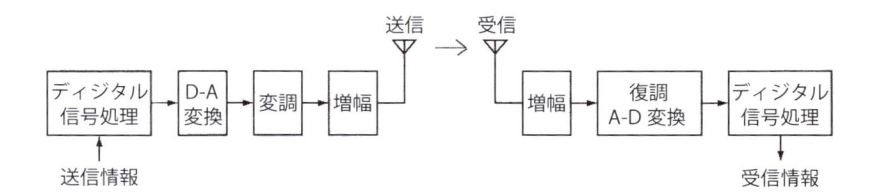

```
                                    送信   受信
                                     ↓  →  ↓
┌─────┐ ┌───┐ ┌──┐ ┌──┐  Y     Y  ┌──┐ ┌─────┐ ┌─────┐
│ディジタル│→│D-A│→│変調│→│増幅│─┘     └─│増幅│→│復調 │→│ディジタル│
│信号処理 │  │変換│  │  │  │  │           │  │  │A-D変換│  │信号処理 │
└─────┘  └───┘  └──┘  └──┘           └──┘  └─────┘  └─────┘
    ↑                                                        ↓
  送信情報                                                  受信情報
```

地デジの電波はデジタル放送なので、1 と 0 の矩形の信号（**パルス波**）がそのまま電波となって届いていると考えるかもしれません。しかしパルス波は、直流から高周波までの多くの周波数成分を含むため、そのまま電波にすると広い周波数帯域にわたってノイズを撒き散らすことになってしまいます。そこで、1、0 のデジタルデータは、**フィルター**という回路素子を通して、高周波の余分な成分を取り除いています。

AM ラジオのようなアナログ変調とデジタル変調の違いは、結局は変調したい元の信号が音声のようなアナログなのか、あるいは 1、0 のデジタルデータなのか、ということだけです。

送信と受信を分けて描いたのが図 2-5-2 です。送信は **D-A 変換**以後がアナログ回路、受信も **A-D 変換**までがアナログ回路で処理されていることがわかるでしょう。このように、デジタル通信の電波はアナログなのです。

2-6 大容量のデータを送信する

●データ・パケットとは？

LAN（Local Area Network）につながっているパソコン同士でデータを送受信するときには、図 2-6-1 のように限られた大きさのデータに小分けして送ります。この単位を**パケット**と呼びますが、LAN のケーブルを使って伝える電気信号の規格を、**イーサネット**（Ethernet）と呼んでいます。

イーサネットは世界的な取り決めなので、この国際規格に基づく LAN の装置を持ったパソコンは、イーサネット・ケーブルでつなげると、簡単に LAN を構成することができます。

図 2-6-1 データ・パケットには順番を示すシーケンス番号が付く

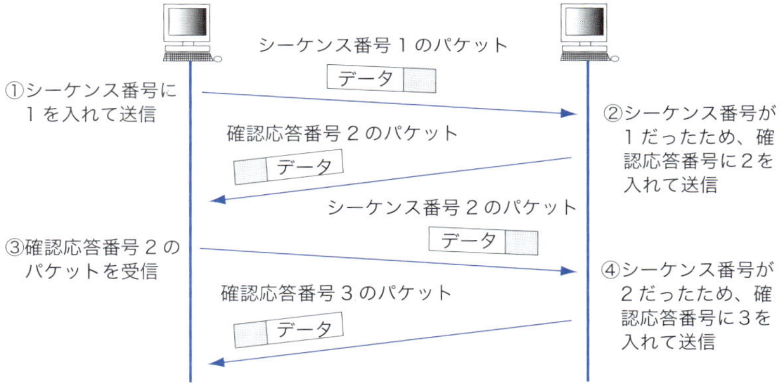

①シーケンス番号に 1 を入れて送信
　シーケンス番号 1 のパケット
　データ
②シーケンス番号が 1 だったため、確認応答番号に 2 を入れて送信
　確認応答番号 2 のパケット
　データ
③確認応答番号 2 のパケットを受信
　シーケンス番号 2 のパケット
　データ
④シーケンス番号が 2 だったため、確認応答番号に 3 を入れて送信
　確認応答番号 3 のパケット
　データ

データ・パケットは、先頭にパケットの順番を示すシーケンス番号や、送り先のアドレス、エラーチェック用のデータなどを含むヘッダ部が付きます。LAN は、文字通りローカル（限定された地域）でコンピュータ同士をつなげる形体ですが、ルータという通信機器は、通信回線サービスを使って社内の LAN を社外にある別の場所の LAN につなげるために使われます。

また、インターネットへの接続を提供する電気通信事業者である、インタ

ーネット・サービス・プロバイダーを経由してインターネットにつなげるときにも、このルータという機器を使います。

● TCP/IP と UDP/IP の違い

　LAN を使って送受信するデータには、比較的少ない量の文書データや、画像、動画などの大量のデータがあります。前者は文字の誤りがあっては困るので、図 2-6-1 に示すようにパケット単位で、正しく送られてきたか確認し合います。一方、後者は 1 ピクセル（画素）欠けたくらいでは判別できないこともあって、送信の速さを優先しています。

　図 2-6-2 の左は**コネクション型**と呼ばれており、パケットを送信するたびに相手が受信したことを確認するパケットを待つ方式で、イーサネット LAN では **TCP/IP** と呼ばれる**プロトコル**（通信手順）を用いています。

　また、図 2-6-2 の右は UDP/IP で用いる**コネクションレス型**で、相手からの受信確認をせずに一方的に大量のデータを送信します。

図 2-6-2　コネクション型とコネクションレス型

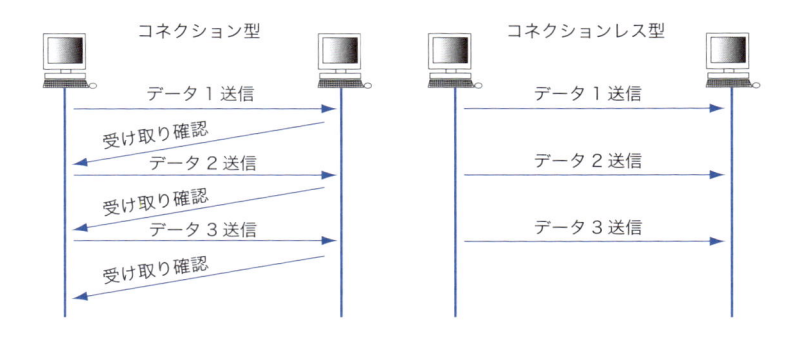

● ワイヤレス LAN の電波

　ワイヤレス LAN は、2.4GHz 帯では最大 11Mbps あるいは 54Mbps、5GHz 帯でも最大 54Mbps の通信速度が得られます。また、電波ではなく**赤外線**を使った無線 LAN の規格もあります。赤外線を使うネットワークの通信速度は数十〜数百 Mbps と高速で、ビルの屋上などで使用する場合も、100Mbps 以上で屋外の遠距離をつなぐことができます。

2-7 電子機器間での電波干渉

●ワイヤレスLANのアクセス・ポイント

ワイヤレスLANは、机や天井などに**アクセス・ポイント**と呼ばれる中継用の機器（図2-7-1）を設置して使います。利用するパソコンは自由に移動できて便利ですが、パソコンの台数が増えてくると、第1章1-14節で学んだCSMA/CA方式の宿命として、待ち時間が増えることでデータの転送時間はだんだん遅くなってきます。

また、狭い範囲にアクセス・ポイントを増やすと、使用チャネル（周波数帯）が重複した場合、電波の干渉で通信が困難になることもあります。このように、**電波干渉**は、同じ周波数で複数の電波が混在しているときに発生します。

図2-7-1　アクセス・ポイントの例
（株式会社アイ・オー・データ機器）

光（電磁波）は金属によって反射されますが、電波もやはり金属によって反射されます。例えばオフィスでは、金属のキャビネットなどが壁をつくっていたり、天井には棒状の金属が網のように張りめぐらされていたりして、部屋全体が大きな金属箱のようになっています。その中で電波を出すと、電波は金属壁で何度も反射され、図2-7-2に示すように、部屋の中に電波の強い場所と弱い場所ができてしまいます（左下にアクセス・ポイントがある）。

これらの電波の強弱はその場に留まっているので、**定在波**といいます。ワイヤレスLANを使っているオフィスでは、パソコンが定在波の節にあると通信が不安定になることもあり、同じ周波数を使っている機器間で電波干渉を起こしやすくなります。最悪の場合は通信できなくなるので、反射波を弱めるために**電波吸収シート**（図2-7-3）を壁に貼るなどの対策が考えられます。

図 2-7-2　4 面が金属壁の部屋にできる定在波（天井から見下ろした電界分布）

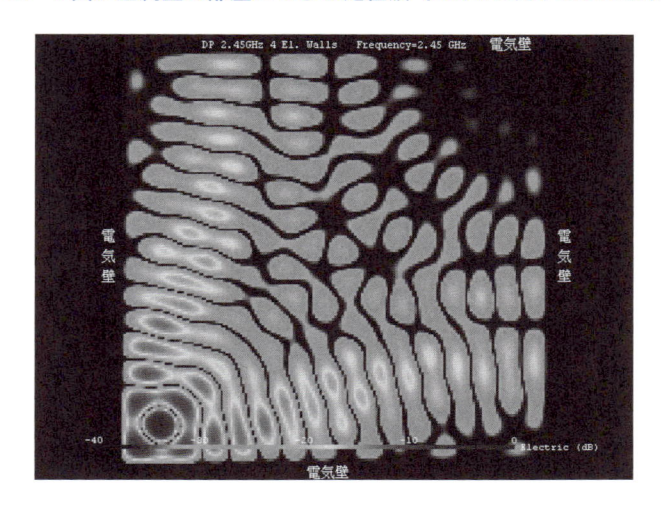

図 2-7-3　電波吸収シートの例（ニッタ株式会社　約 3mm 厚の薄膜構造）

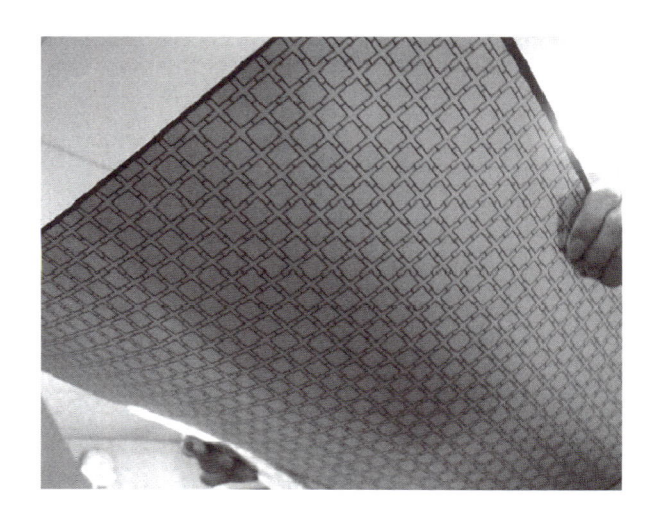

2・ワイヤレスの不思議

2-8 電波の混信

●テレビの同軸ケーブルを伝わる信号

アンテナで受信したテレビの電波は、1本の**同軸ケーブル**を通ってチューナーに入ります。空間にはすべてのテレビ放送の電波が伝わるので、アンテナから同軸ケーブルへもすべての放送電波が伝わっています。多くの電波を1本のケーブルに通してしまうと、お互いに干渉しないかと心配するかもしれません。しかし前節で述べたとおり、テレビ放送も異なる周波数帯に分けてチャネルを割り当てているので、互いに影響し合うことはありません。

混信という用語がありますが、これは電波を使った放送やワイヤレス通信で、同じ周波数または隣接している周波数の電波が混ざり合うことで、正常な受信ができなくなることいいます。

電波は、それを使う国の**電波法**によって周波数が割り当てられるので、他の無線局の正常な業務の運行を妨害する電波が混信を起こさないように、混信の防止に関する規定があります。

●チャネル割り当てによる混信の防止

地デジのチャネル割り当ては、**物理チャネル** 13（470〜476MHz）から物理チャネル 62（764〜770MHz）までで、物理チャネルとは、リモコンのチャネルではなく、放送に割り当てられている実際の周波数帯のことです。

例えば、物理チャネル 13 は 470〜476MHz なので、チャネル幅は 6MHz です。図 2-8-1 は 5 チャネル分の受信信号で、横軸が周波数、縦軸が信号強度ですが、6MHz 幅の信号が 5 つあることがわかるでしょう。

●混信に強い FM 波

2-1 節で **FM 放送**が AM 放送に比べて音質がよいわけを学びましたが、FM 波は AM 波に比べると混信の妨害も受けづらい性質があります。

FM 波が変調されていないときの中心周波数から変調で偏る周波数幅を、

図 2-8-1　地デジの 5 チャネル分の受信信号波形

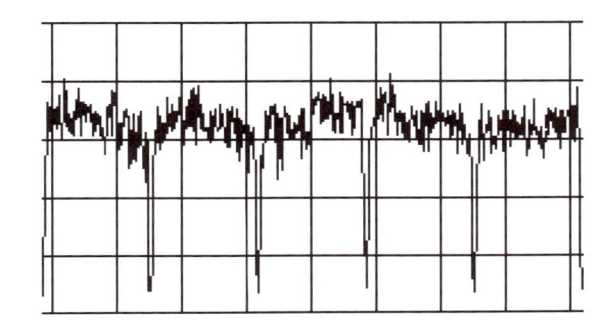

周波数偏移と呼んでいます。FM 方式は、変調信号の振幅が大きいと周波数偏移も大きいので、FM 波は周波数偏移が大きいほど受信感度が上がり、混信に強くなります。そこで、FM 方式ではできるだけ周波数偏移を大きくしたいのですが、1 つの放送局の信号が占める帯域幅が広くなってしまうので、FM 放送の周波数偏移は、電波法で最大 75kHz に規定されています。

　FM 方式では、変調周波数が高いほど**変調指数**（最大周波数偏移を変調周波数で割った値）は小さくなり、**混信**や**ノイズ**に妨害されやすくなります。また FM 放送で扱う音の周波数成分は、一般に周波数が高くなるに従ってエネルギーが小さくなるので、送信側で予め変調信号の高域を強調しています。

　これを**プリエンファシス**（pre-emphasis）と呼んでいますが、図 2-8-2 の周波数特性曲線に従って、高域を強めています。また、プリエンファシスされた変調波をそのまま受信側すると、高い周波数域が強調されているので、これを元の信号に戻すために、受信側で**デエンファシス**（de-emphasis）の回路を通しています。

図 2-8-2　FM 方式のエンファシス特性曲線

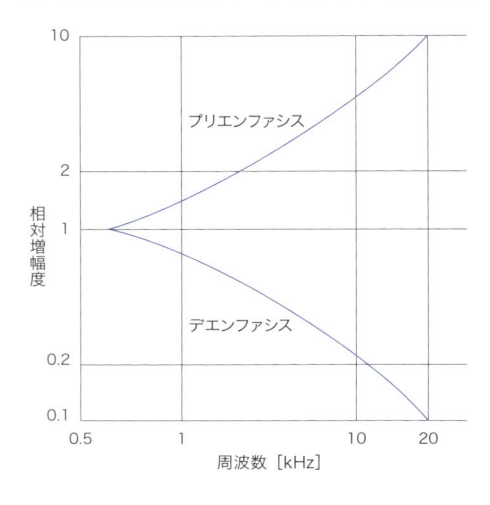

2・ワイヤレスの不思議

2-9 電波とノイズ

●電気・電子機器からのノイズ

　電気・電子機器の高周波化が進み、ケータイやワイヤレスLANといったワイヤレスのシステムも全盛となりました。また機器の小型化の強いニーズで回路実装の集積度が高くなり、回路素子はより微弱な電力で動作するように設計されます。

　私たちが生活している空間には、放送や通信などのさまざまな周波数の電波が飛び交っています。これらは電波法に則り、定められた出力と周波数で運用されていますが、電波を利用しない機器からも予期せぬ電磁波ノイズが放射され、心臓ペースメーカをはじめとした人工システムが受ける電磁波障害の問題が社会に及ぼす影響も大きくなりました。

　今後ワイヤレス・システムがますます普及することを考えれば、人工システムの電磁環境に対する**感受性**（**EMS**: Electro Magnetic Susceptibility）を低下させる設計が求められています。また、電気・電子機器は、自らの**妨害排除能力（イミュニティ）**を高めて、**電磁妨害**（**EMI**: Electro Magnetic Interference）を抑制することも極めて重要です。電磁環境と人工システムが両立できる性質が**EMC**（Electro Magnetic Compatibility）ですが、特に電磁波ノイズによる思わぬ事故は、人命に関わることもあるので、今やこれを考慮しない電気・電子機器の設計はあり得ないとまでいわれています。電子回路の基板上の**ノイズ源**から、配線や他の導体を**伝達路**として、意図しない**アンテナ**に至った電磁エネルギーが放射されるというのがEMCの3つの基本要素です（図2-9-1）。

図2-9-1　EMCの3つの基本要素

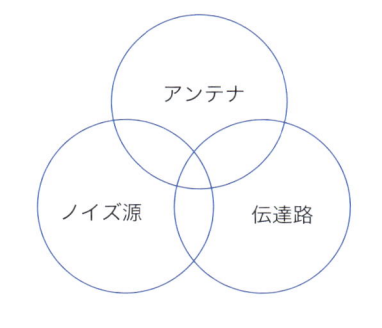

●ワイヤレス機器のノイズと自家中毒

　電気・電子機器から生じた**電磁波ノイズ**を、その機器自身が受けて誤動作を起こすような障害を、自家中毒と呼ぶことがあります。

　ケータイやワイヤレス電話などの機器では、電子回路の基板近くにアンテナが接続されているので、電波を受信する回路に高周波のノイズ信号が回り込みやすくなっています。

　図 2-9-2 は、第 1 章 1-8 節で学んだ **WiMAX** のアンテナで、電子回路基板の端に配線路の一部のように付いています。また、コードレス電話の基板の一部ですが、アンテナに向かって細い同軸ケーブルで給電しています。

　これらの配線や**同軸ケーブル**は、電力を**アンテナ**に供給するための線路なので、線路から電波が放射しづらい構造になっています。図 2-9-2 は、配線が両グラウンド導体にはさまれた**コプレーナ線路**で、強い電界は両側のギャップ間に沿って分布します。

　また、同軸ケーブルは、外導体が内導体を包み込む**シールド**（遮蔽）構造なので、通常は電波を放射しづらいのですが、外導体の外側に高周波の電流が回り込んで流れてしまうと、それが送信アンテナや受信アンテナとしても働き、**自家中毒**の原因となる場合があります。

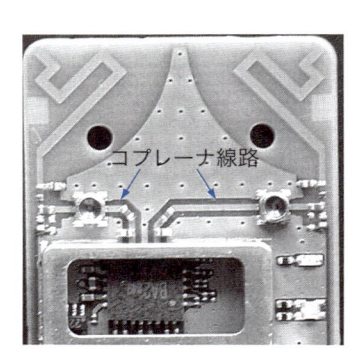

図 2-9-2　WiMAX のアンテナ

2-10 周辺機器へ与える影響

●情報機器のノイズ規制

電気・電子機器は、自家中毒だけでなく、近くにある他の機器に向けて**電磁波ノイズ**を放射して、その機器が誤動作を起こすこともあります。

そこで、電気・電子機器には放射ノイズの規制がありますが、図2-10-1は **VCCI**[注1]の定める放射物から3メートル離れた地点での放射ノイズ(電界強度[注2])の限度値を規定したグラフです。

横軸は周波数で、230MHzを超えると**規制値**が7dB緩やかになっていま

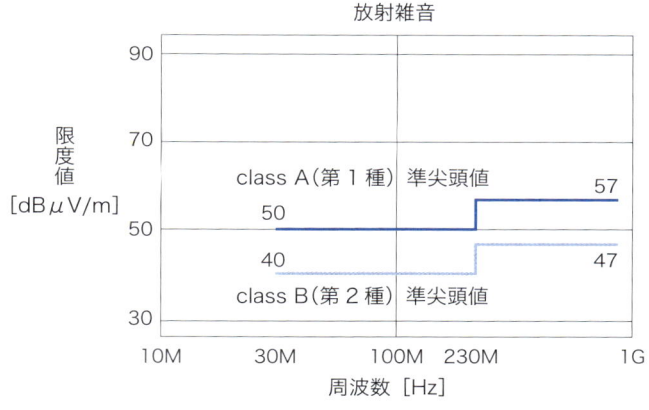

図2-10-1　VCCIの放射ノイズ規制例(3m法)

放射雑音

class A(第1種) 準尖頭値　50　57
class B(第2種) 準尖頭値　40　47

限度値 [dBμV/m]
周波数 [Hz]　10M　30M　100M　230M　1G

電子機器の高速・高周波化に伴い、2009年に1〜3GHzと3〜6GHzの周波数範囲で放射妨害波の許容値も規定された。

注1) VCCI(Voluntary Control Council for Information Technology Equipment)は、情報機器が発する電波の規制内容を協議する国内外の企業や団体で構成される業界団体。
注2) 電界の単位はV/m(ボルト・パー・メートル)。図2-10-1の縦軸の単位dBμV/mは、1μV/mを0dBμV/mとしたデシベル表現である。例えば、100μV/mは、$20\log_{10}(100 [\mu V/m]/1 [\mu V/m])=40$ [dBμV/m]である。

す。**プリント配線板**からの**不要輻射**は、以前から「魔の200MHz帯」ともいわれていますが、基板の寸法が放射ノイズの1/2波長に近づくあたりから、基板の一部がアンテナのように働くことが主な原因と考えられるでしょう。

●デジタル回路基板からのノイズ

デジタル信号は、一般に図2-10-2に示すような台形の**パルス波**（継続時間の短い電圧または電流）です。

電磁波ノイズは、一般に周波数が高くなるにつれて、観測される電界（あるいは磁界）の大きさは単調に増加する傾向があります。しかし、実際のデジタル回路の信号源として使われる波形は、図2-10-2のように台形になっています。

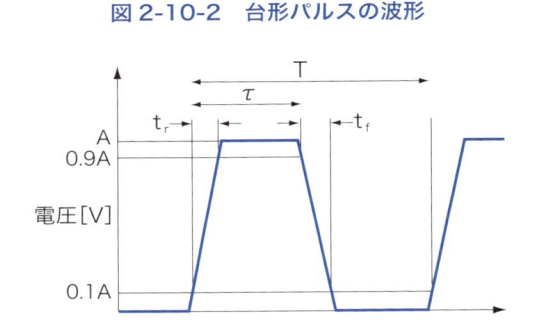

図2-10-2　台形パルスの波形

これは**周期**T、**立ち上がり時間** t_r、**デューティ比** $\tau/T=0.5$ の台形パルスですが、この信号は基本周波数と無数の高調波成分の正弦波を足したものと考えられ、その**周波数成分**（**スペクトル**）は図2-10-3のように分布しています。

図2-10-3　周波数成分（スペクトル分布）

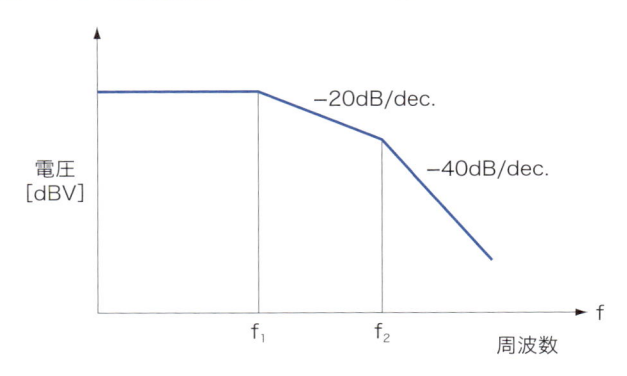

ここで f_1 と f_2 の周波数は、

$$f_1 = 1/T$$
$$f_2 = 1/(\pi t_r)$$

となります。

　図2-10-4は、ループ状の線路を持つある基板から放射されるノイズの測定例ですが、高い周波数では頭打ちになっています。

図2-10-4　ループ状の線路を持つある基板から放射されるノイズの測定例

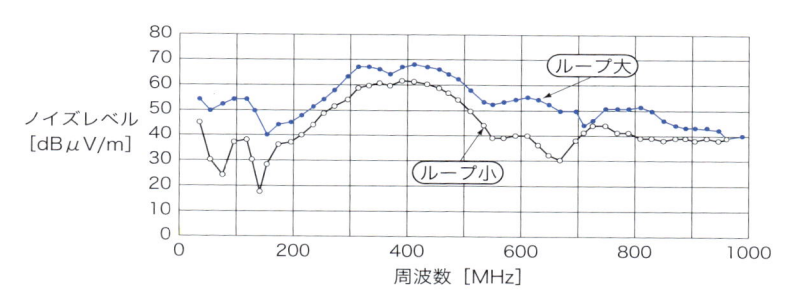

第 **3** 章

広がる
ワイヤレス技術

　21世紀に入り急速に進歩したワイヤレス技術。ケータイやスマホをはじめ、いまや生活に密着したさまざまなシーンで活躍しています。

　本章では、ユビキタス社会を支えるワイヤレス技術のめざましい進化を追います。

3-1 赤外線ワイヤレス

●赤外線の波長

赤外線は、可視光線に近い波長から**マイクロ波**に近い波長までの領域にあり、図 3-1-1 に示すように、近赤外線、中赤外線、遠赤外線に分けられています。

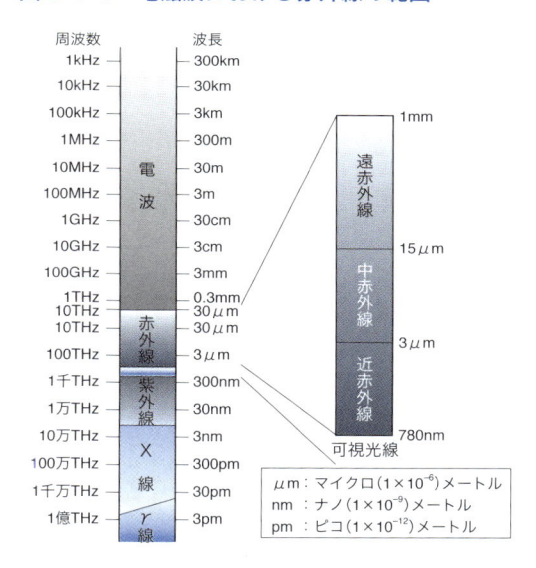

図 3-1-1　電磁波における赤外線の範囲

周波数	波長
1kHz	300km
10kHz	30km
100kHz	3km
1MHz	300m
10MHz	30m
100MHz	3m
1GHz	30cm
10GHz	3cm
100GHz	3mm
1THz	0.3mm
10THz	30μm
10THz	30μm
100THz	3μm
1千THz	300nm
1万THz	30nm
10万THz	3nm
100万THz	300pm
1千万THz	30pm
1億THz	3pm

電波／赤外線／紫外線／X線／γ線

遠赤外線：1mm〜15μm
中赤外線：15μm〜3μm
近赤外線：3μm〜780nm
可視光線

μm：マイクロ(1×10^{-6})メートル
nm：ナノ(1×10^{-9})メートル
pm：ピコ(1×10^{-12})メートル

近赤外線は、家電の**リモコン**や第 1 章 1-13 節で述べた **IrDA 規格**による近距離の通信にも利用されています。波長は 780nm から 3μm で、通信用には**赤外光 LED**（1-13 節）が使われています。また、人体から放射されている赤外線を検出する**人感センサー**を使った**防犯センサー**にも利用されています。

中赤外線は波長が 3 〜 15μm で、**赤外分光分析装置**で利用されています。物質に赤外線を照射すると、その物質を透過あるいは反射した赤外線は、分子に吸収された分だけ、照射した赤外線よりもエネルギーが少なくなります。エネルギーの吸収度を周波数軸で描いた赤外吸収スペクトルは、物質の分

子構造によって異なるので、その特長から物質を特定することができますが、これを利用したのが赤外分光分析装置です。遠赤外線の波長は $15\mu m\sim 1mm$ で、吸収されると熱になるので、遠赤外線ストーブなどの暖房機に使われています。また遠赤外線加工の衣類は、遠赤外線を吸収・再放射しやすい物質（セラミックスなど）を付加して保温性を高めた繊維を使っています。

●赤外線ワイヤレスのIrDAモジュール

　USB接続のIrDA赤外線通信アダプターのような周辺装置を付けることで、IrDA DATA1.4規格では16Mbpsの速度でワイヤレス通信ができるようになります。

　IrDAは、当初一部のノートPCに内蔵されましたが、普及のきっかけは携帯に内蔵されてからです。通信距離は1m前後と短く、機器同士のデータ交換に使われますが、赤外線が放射される角度が30度前後なので、盗聴される危険性は低いといえます。

　図3-1-2は、IrDA**赤外線通信トランシーバ・モジュール**の例ですが、送信と受信の電子工作用なので2個で1セットになっています（秋月電子通商：ローム製RPM851Aを使用）。また、図3-1-3はモジュール内部の主な部品で、下部が送信側の赤外光LED、上部が受信側のフォト・ダイオードと増幅用のアンプなどで構成されています（RPM851Aのデータシートより）。

図3-1-2　IrDAトランシーバ・モジュールの例

図3-1-3　モジュールの主な部品

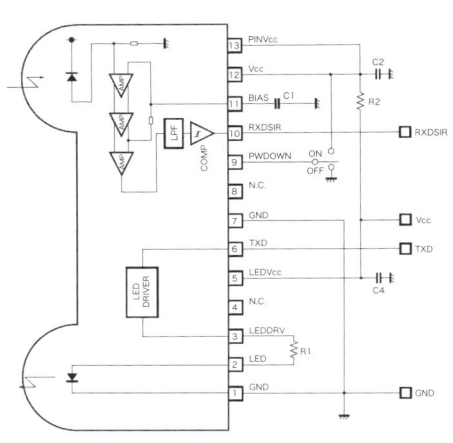

3-2 ワイヤレスマイク

● UHF帯ワイヤレスマイク

図3-2-1は、教室や会議室、アウトドアのイベントなどで使う**ワイヤレスマイクロホン**とアンプ（音声増幅器）のセットです。この製品は、1（806.125MHz）、2（806.375MHz）、3（807.125MHz）、4（807.750MHz）、5（809.000MHz）、6（809.500MHz）の6つのチャネルが使えるので、複数のマイクロホンを使用する場合はチャンネルごとに異なった周波数をセットします。

アンプの上部にある棒は受信用のアンテナで、第1章で学んだ線状のアンテナを螺旋状に巻いています。マイクロホンの内部には、小型のアンテナが内蔵されていますが、免許が不要なB型ワイヤレスマイクです。

またA型は、高品位なデジタルオーディオ信号が伝送できる方式で、電波法で定められた「特定ラジオマイクの陸上移動局」に当たります。図3-2-2は**ワイヤレストランスミッター**（送信機）で、図3-2-3のようなヘッドウォーンマイクロホンなどをつないで、イベントでのボーカル用マイクとしても使われています。

図3-2-1　ワイヤレスマイクロホンとアンプ

図3-2-2　トランスミッター

図3-2-3　ヘッドウォーンマイクロホン
（株式会社オーディオテクニカ）

3-3 コードレス電話と携帯

●コードレス電話の周波数

図 3-3-1 は**コードレス電話**の一例で、親機と子機のワイヤレス通信に 2.4 GHz の周波数を使っています。これは電子レンジでも使われている **ISM**（Industry-Science-Medical）**バンド**で、**産業科学医療用バンド**とも呼ばれています。コードレス電話の電波は、親機と子機の間で高速に通信周波数を切り替える「周波数ホッピング型スペクトル拡散」という技術を採用して、電波の**盗聴**を難しくしています。

図 3-3-1　コードレス電話の例
（パナソニック株式会社）

図 3-3-2 は**スペクトル拡散**の技術を説明しています。送りたいデータの信号は、スペクトル拡散キー（符号）を挿入して広帯域の高周波に拡散されてアンテナから送信されます。受信側ではキーを基に復元されますが、妨害信号にはこのキーが含まれないので、復元しても確認できません。電波を傍受しても正しいキーがないので復元できずに、盗聴の可能性は低くなります。

図 3-3-2　スペクトル拡散の技術

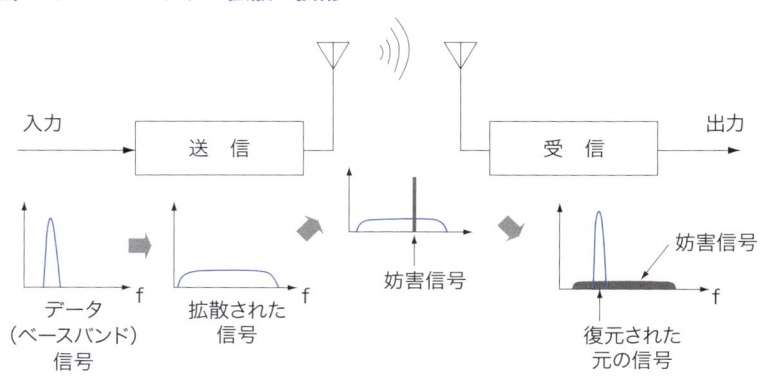

●周波数ホッピングとは

スペクトル拡散の方式には、**周波数ホッピング**と**直接拡散**があります。周波数ホッピング（FH：frequency-hopping）は、一定の規則で周波数を高速に切り替えて通信を行う方式で、前項のコードレス電話（パナソニック VE-GP24DL）はこの方式が使われています。

図 3-3-3 は周波数ホッピングを説明しています。**擬似ランダム雑音**（PRN）によって決められた順序で、広帯域にわたってある周波数から別の周波数へ搬送波をつぎつぎと替えますが、これをホッピングと呼んでいます。

図 3-3-3　周波数ホッピング

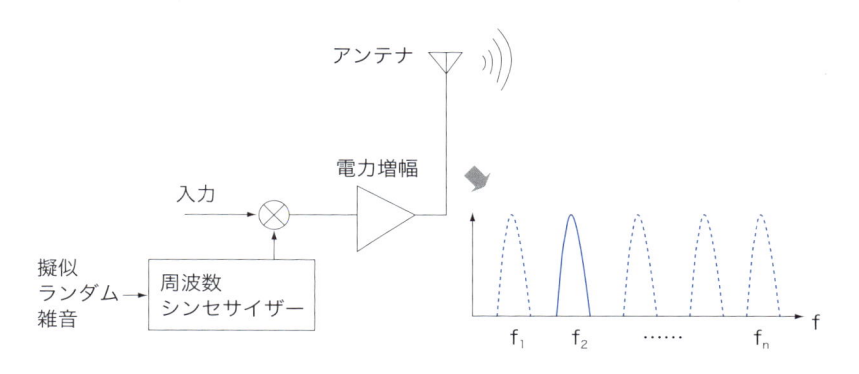

●携帯の CDMA 方式とは

携帯の **CDMA**（Code Division Multiple Access：**符号分割多重接続**）は、1 つの周波数で複数の送信者の音声信号を合成して送ります。一方受信者は、通話している相手の符号をこの合成信号に乗せて、その音声信号だけを取り出します。

基地局の数は限られていますが、CDMA 方式は通話したい携帯が多くなっても同時に複数のワイヤレス接続が可能という利点があります。NTT ドコモ、ソフトバンクモバイル、イーモバイルで採用されているのは **W-CDMA**、KDDI は **CDMA2000** という方式を採用しています。

3-4 ワイヤレスUSB

●ワイヤレスUSBの用途

ワイヤレスUSBは、パソコンなどで使われている有線通信のUSB（Universal Serial Bus）を拡張した技術規格で、デジカメやビデオカメラ、ディスプレイ、DVD機器などの大容量データを、比較的短い距離でワイヤレス転送する用途を想定して開発されました。

ワイヤレスUSB内蔵のノートPCも発売されていますが、有線のUSB端子に差し込んで、文字どおりUSBをワイヤレス化してマウスやキーボードと接続する装置（ワイヤレスドングル）もあります。しかし27MHzの電波を使っている「USBワイヤレスマウス」は、ワイヤレスUSBの技術を使っているわけではないので、混同しそうな名称です。

プリンターやスキャナ、外付けのハードディスクなど、USB接続の機器を1台のワイヤレスUSBハブにつないで、パソコンのスロットに付けたワイヤレスUSB用のPCカードと通信することで、周辺機器をワイヤレス接続で共有できる、図3-4-1のような装置も製品化されました。

この製品は、Certified Wireless USBのロゴが付いており、ロゴ認証テストに合格したBand Group #1 Band #3（4.2GHz～4.8GHz）対応の製品と通信ができます。

図3-4-1　ワイヤレスUSB用のPCカード（左）とワイヤレスUSBハブ（右）
（ラトックシステム株式会社）

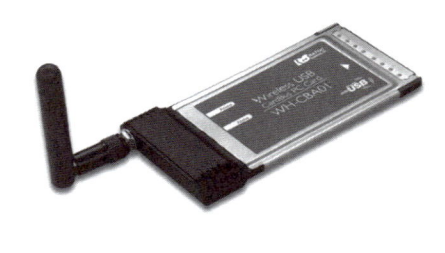

●ワイヤレス USB の技術 -UWB

　ワイヤレス USB で採用されているのは、**UWB（超広帯域無線）** と呼ばれる通信方式で、数百 ps（ピコ秒：ピコは 10^{-12} を表す）の短い幅のパルス信号列を、変調せずにそのまま無線で送受信します。

　パルス（pulse）とは英語で脈拍を意味しますが、電気のパルスは、「継続時間の短い電圧または電流」のことです。幅の狭い波形のパルス波は、第 1 章で学んだ、ヘルツが実験装置で発生させた火花放電と同じように、低周波から高周波まで、さまざまな周波数の正弦波を含んでいると考えられます。このため UWB で使われるパルス幅では、最も広帯域の場合、約 3GHz から 10GHz までの周波数にわたって電波が発生します。

　パルス幅が狭いほど広帯域の**スペクトル**（信号の各周波数成分の強度分布）を持ちますが、実際の信号のスペクトルはある周波数から振幅が右肩下がりになります。

　図 3-4-2 は、UWB で使われるパルス信号波形の 1 つで、ガウス性単一サイクル波（Gaussian monocycle）と呼ばれています。また、図 3-4-3 は、パルス幅が 2 種類のパルスの周波数軸グラフ（スペクトル分布）です。パルスの 1 サイクル幅が 600ps のときより、300ps の方が高い周波数まで広帯域に分布していますが、スペクトルはフラットではありません。

　このときの中心周波数はつぎの式で得られ、例えば 1 サイクル幅が 600ps のときは、約 1.7GHz となります。

図 3-4-2　UWB の信号例

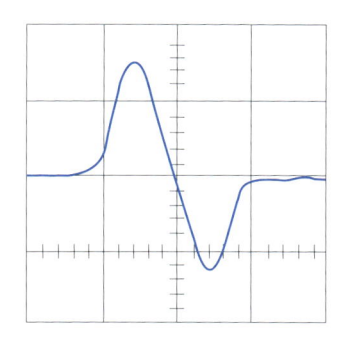

$$f = \frac{1}{600 \times 10^{-12}} \fallingdotseq 1.7 GHz$$

　UWB の信号電力は広帯域に広がるので、それぞれの周波数の電力は非常に弱く、ワイヤレス LAN や Bluetooth などに妨害を与えることはありません。

図 3-4-3　2 種類のパルス（スペクトル）

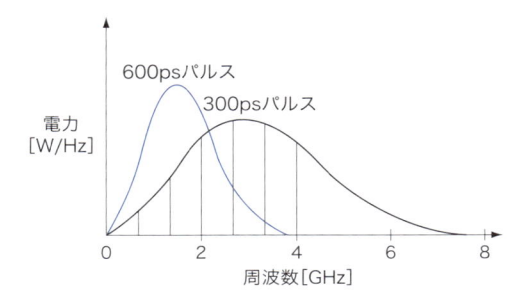

日本の**電波法**では 3.4 〜 4.8GHz と 7.25 〜 10.25GHz の周波数が利用できます。前者の周波数は、**4G**（第 4 世代携帯電話）の周波数に 3GHz 帯が割り当てられるので、電波法により他の通信方式との**干渉回避技術**（DAA: Detect and Avoid）の搭載が義務付けられています。

米国では 3.1GHz 〜 10.6GHz が利用できますが、これを実現するためには超広帯域用の特別なアンテナが必要になります。図 3-4-4 は、日本で開発された UWB 用の**超広帯域アンテナ**の一例です。

図 3-4-4　UWB 用の超広帯域アンテナの例

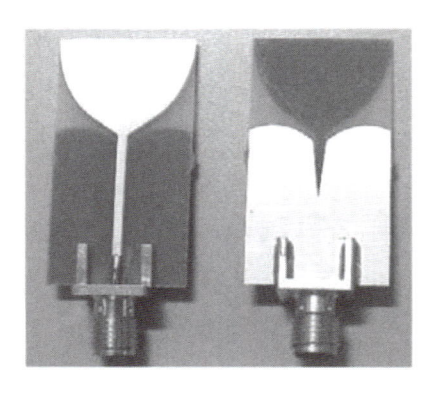

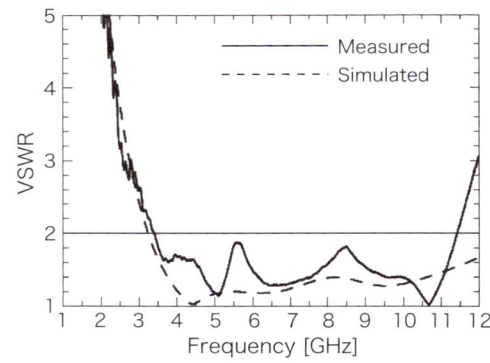

（越地福朗、江口俊哉、佐藤幸一、越地耕二：小型板状ボルケーノスモークアンテナの開発、KONICA MINOLTA TECHNOLOGY REPORT VOL.4, 2007 より引用）

3-5 ワイヤレスシアター

●ホームシアターのワイヤレス化

　ホームシアターは、大画面のテレビやマルチチャンネルのスピーカー、オーディオ・アンプなどを家庭に設置した私設のミニ映画館（シアター）です。薄型で大型の液晶テレビが普及したことで、家電メーカーはすべての機器をセットにしたホームシアター・システムを発売しました。

　AV（オーディオ・ビジュアル）機器が増えると、それぞれの機器間で映像や音声の信号ケーブルの配線に苦労します。しかし、これらは正しくつないでしまうと機器の裏側へ隠してしまい、めったにいじらなくなります。一方むき出しの配線で気になるのはスピーカー・ケーブルでしょう。

　そこで登場したのがスピーカーまでの接続をワイヤレス化した**ワイヤレスシアター**です（図3-5-1）。音声伝送は2.4GHzの電波を使っていますが、この周波数は電子レンジやワイヤレスLANでも使っているので、図3-5-2に示すように**周波数ホッピング**の技術を採用して、**電波の干渉**を回避しています。

図3-5-1　ワイヤレスシアターの例
（パナソニック株式会社）

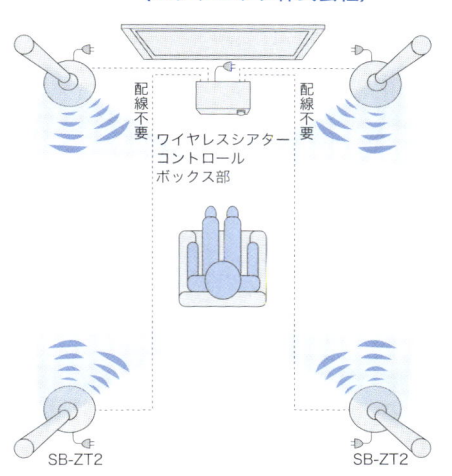

図3-5-2　周波数ホッピング

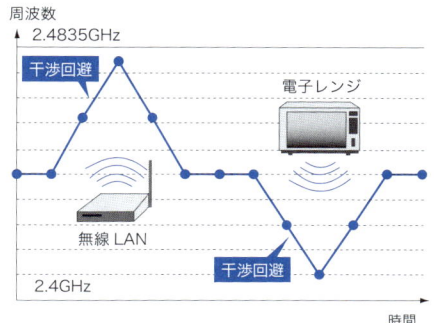

3-6 ワイヤレスTV

●ワイヤレス TV デジタル

　テレビが受信できるノート PC は、一般に PC 本体にテレビチューナーを内蔵しており、PC にあるアンテナ端子にテレビのアンテナ線をつないで受信します。

　図 3-6-1 は、NEC のノート PC LaVie L LL870/WG や LL570/WG に付属する**ワイヤレス TV デジタル**です。これにアンテナ線をつなぎ、放送を受信しますが、その放送波を送信して PC 本体で受信して、液晶画面に表示します。

　つまりノート PC につなぐじゃまなアンテナ線がなくなるというメリットがセールスポイントですが、アンテナ線の引き込み口がない部屋でテレビを見たいときにも、PC 本体にケーブルをつなぐ必要がないので便利です。

図 3-6-1　ワイヤレス TV デジタル
（日本電気株式会社）

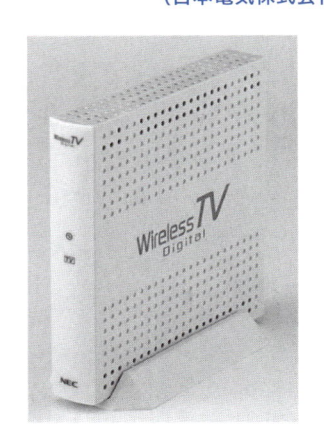

　本体の初期設定にはワイヤレス LAN の 2.4GHz 帯（**IEEE 802.11n**）を利用しますが、設定後は 5GHz 帯に再設定されるので、2.4GHz 帯を使っている電子レンジやコードレス電話などの電波との干渉はありません。

●テレビ用ワイヤレス伝送装置

　図 3-6-2 は、テレビ用 HDMI 無線化ユニットで、上が送信機、下が受信機です。まず送信機側には、デジタル・インターフェースの **HDMI**（High-Definition Multimedia Interface）端子を搭載した機器（地デジチューナーやケーブルテレビのセットトップボックス、レコーダーなど）を接続します。つぎに受信機側は、HDMI 端子を搭載したテレビやディスプレイを接

続することで、これらの機器をつなぐHDMIケーブルがワイヤレス化できます。

図 3-6-2 テレビ用 HDMI 無線化ユニット
（株式会社アイ・オー・データ機器）

通信距離は約20メートルですが、鉄筋コンクリートの家屋では電波の反射や吸収があるので、一般に通信距離が短くなるでしょう。

データの**ワイヤレス伝送**は、**WHDI**（Wireless Home Digital Interface）という技術を採用しており、電波の周波数は5GHz帯を使っています。

●ワイヤレスTV

ワイヤレスTVは機種が限定されますが、シャープのフリースタイルAQUOS LC-20FE1-Wは、ディスプレイ部を持ち運んでアンテナ端子のない複数の部屋でテレビ放送を楽しめます。チューナー部には、地上デジタルやBS・110度CSのアンテナをつなぎ、離れたディスプレイ部へワイヤレス伝送します。電波の周波数は5GHz帯で、ワイヤレスLANの無線伝送規格であるIEEE 802.11a/nを使っています。図3-6-3は防水ワイヤレスモニター（VW-J107W）です。送信機に接続できる映像機器は最大3台で、これらのAV機器からの映像・音声信号をMPEG2圧縮して、5GHz帯で送信しています。

図 3-6-3　ワイヤレスモニターの例（ツインバード工業株式会社）

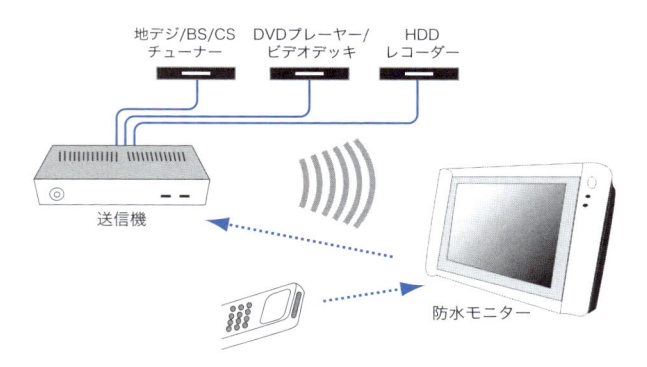

3-7 ワイヤレス防犯カメラ

●小型ワイヤレス・カメラ

　秋葉原の歩行者天国で2008年に発生した無差別殺傷事件の後で、通りに沿った電柱やビルには何十台もの監視カメラが設置されました。防犯カメラを設置する集合住宅も増えましたが、個人の住宅でも使用できる図3-7-1のような**ワイヤレス防犯カメラ**のセットが数多く販売されています。

　広角レンズを採用しているので、玄関やオフィスの入り口などの上部に固定して、入退室の監視用などに使えます。図3-7-1のカメラは25万画素のSuper HAD CCD（ソニー製）を採用していますが、この**CCDイメージセンサー**は、ソニーのデジタルカメラCyber-shotにも使われています。また、カメラには音声マイクが内蔵されています。

図3-7-1　ワイヤレス防犯カメラのセット
（有限会社ワイケー無線）

　電波の周波数は2.4GHz帯で、カメラと一体になっている送信機は4チャンネルの中から選べるので、4台までのカメラを同時に稼動させることができます。図3-7-1左は付属の受信機で、映像と音声信号はRCAジャックからビデオ・レコーダやカラーモニターに接続します。

　昼間はカラーで撮影し、暗くなると自動的に映像を白黒に切り換えます。また、防犯カメラ用としては夜間の撮影が必要ですが、カメラレンズの周囲には24個の赤外線LEDが付いており、夜間には赤外線を照射するので、24時間の監視ができます。長時間の記録には、SDカードなどに録画できるタイプのレコーダーが向いています。

3-8 ワイヤレスヘッドフォン

● Bluetooth によるワイヤレス

図 3-8-1 は、**Bluetooth** のワイヤレス通信技術を使ったヘッドフォンです。Bluetooth は、パソコンや携帯情報端末などで使われている短距離のワイヤレス通信を想定して開発された技術で、携帯電話では**ハンズフリー通話**や音楽を、また Bluetooth 対応のパソコンでは Skype などの IP 電話も楽しめます。

図 3-8-1　ワイヤレスヘッドフォンの例
　　　　（サンワサプライ株式会社）

Bluetooth を搭載していないノート PC などでは、図 3-8-2 の超小型 Bluetooth USB アダプターを図 3-8-3 のように USB スロットに差し込んで、**ワイヤレスヘッドフォン**を使うことができます。

図 3-8-2　超小型タイプの Bluetooth USB アダプター
　　　　（プラネックスコミュニケーションズ株式会社）

図 3-8-3　装着の例

● Bluetooth のワイヤレス技術

Bluetooth は、はじめにスウェーデンのエリクソン社が開発し、その後 IBM やインテル、ノキア、東芝などが設立した **Bluetooth SIG** が中心になって普及を進めています。また、2002 年には IEEE 標準規格 802.15.1

として採択されています。

IEEE（Institute of Electrical and Electronics）は、米国の電気電子技術者協会で、電気関連の学会活動の他に、電子通信分野の標準規格を策定しています。ワイヤレスLANの**IEEE 802.11**（3-6節）は、IEEE802委員会で策定した国際標準規格です。図3-8-1のような携帯機器用のBluetoothの送信電力は1mWで、通信距離は約10mです。また固定の機器用では、一定の段階で送信電力を上げられる機能を持つ場合は最大100mWまで送信電力を増やせますが、このとき想定される通信距離は約100mです。

電波の周波数は、2402MHzから2480MHzまでの2.4GHz帯で、チャンネルの間隔は1MHzです。また通信方式は、3-3節で学んだ周波数ホッピング型スペクトル拡散方式で、ホッピングの速度は1600hops/sec（秒）です。

図3-8-4はBluetoothの**周波数ホッピング**（周波数軸）を示しています。また図3-8-5は時間の経過と共に周波数ホッピングする様子を示しています。

図3-8-4　Bluetoothの周波数ホッピング（周波数軸）

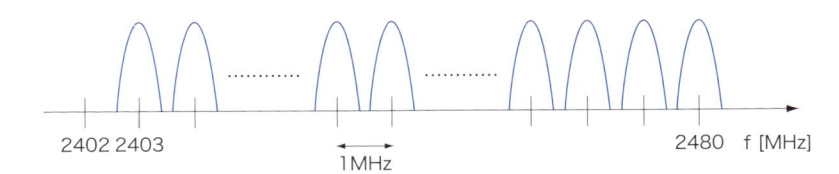

図3-8-5　周波数ホッピングの様子

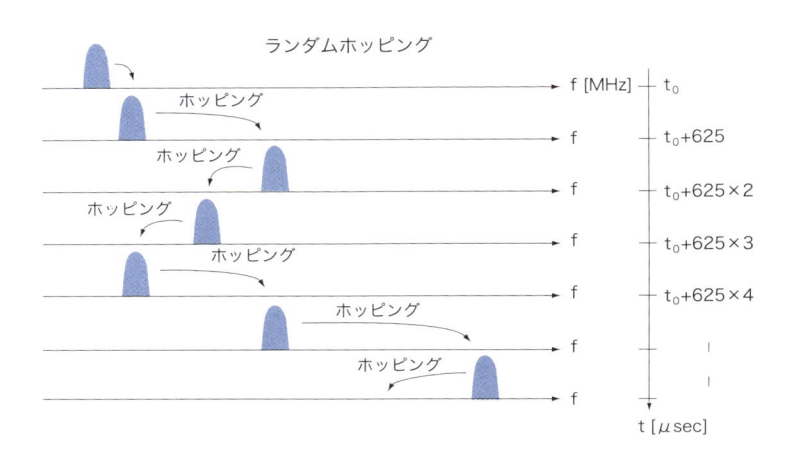

●周波数ホッピングのメリット

そもそも、なぜ周波数をせわしなく変える必要があるのでしょうか？そのわけは、この技術の生い立ちまで遡(さかのぼ)る必要があります。

周波数ホッピングのもとになっている**スペクトル拡散**の特許は、2000年に85歳で亡くなった往年の名女優**ヘディ・ラマール**（Hedy Lamarr）が、作曲家の George Antheils とともに取得しています。彼らはワイヤレス通信とは関係がなさそうですが、第二次世界大戦前夜、あるパーティー会場は、敵に見つからずに妨害電波を出す長距離魚雷のアイデアで盛り上がったそうです。

これが特許申請のきっかけらしく、タイトルは "Secret Communications Technique" で、そのメリットは秘話性です（彼らの特許の写しは次の Web サイト http://www.ncafe.com/chris/pat2/patstart.html で見られる）。

他人に傍受されても周波数ホッピングの順序がわからなければ盗聴が難しく、また極めて短い時間で信号の周波数を切り替えながら送信するので、帯域を拡散させていることになり、ノイズや干渉にも強くなります。

しかし、一方では高速でホッピングする電子回路が複雑になることや、ホッピングの速度が遅いと干渉が発生するなど、特許が成立した第二次世界大戦のころには実用化の技術が追いついていませんでした。

Bluetooth ではホッピングの速度は 1600 回/秒という高速です。ハードウェアには 48 ビットの Bluetooth アドレスが与えられており、128 ビットのリンクキーで接続認証と暗号化が行われます。図 3-8-6 は、小型化された現代の Bluetooth のモジュールの例です。

図 3-8-6 Bluetooth のモジュール［SMK 株式会社（左）とアルプス電気株式会社（右）］

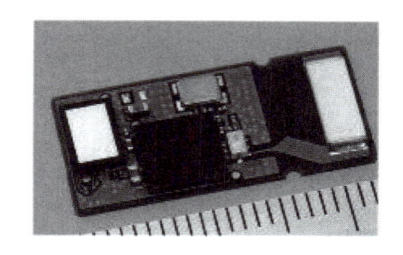

BT300　23x11x2mm　　　　　　UGNZ4　6.5×6.4×1.69mm

3-9 ワイヤレスマウス

● Bluetooth によるワイヤレスマウス

マウスは USB 接続が一般的ですが、**Bluetooth レシーバー**（Bluetooth の電波を受信する装置）を内蔵しているノート PC は、**USB ポート**を使わずに Bluetooth 接続によるワイヤレスマウスを使うことができます。それ以外のパソコンでは、3-8 節の Bluetooth USB アダプターを USB スロットに差し込んで使います。

レシーバーとセットで販売されているマウスはすぐに動作しますが、レシーバーが付いてない場合は、接続したいレシーバーとペアリングを行います。それにはマウスをペアリングモードにして、パソコン側からマウスを探しますが、その後は普通に使えるようになります。

これは、Bluetooth の機器が**マスター**と**スレーブ**という考え方で構成されるからです。マスターは、コンピュータ・ネットワークにおけるサーバーのような役割で、図 3-9-1 のケース 2 はスレーブ（クライアントに相当）が 3 つあり、Bluetooth ではこのネットワークをピコネットと呼びます。図 3-9-2 のケース 3 は、3 つの独立したピコネットがあり、ピコネット同士はマスターまたはスレーブを介して接続されます。

図 3-9-1　マスターとスレーブ

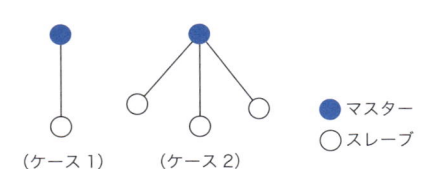

図 3-9-2　ピコネットの構成例

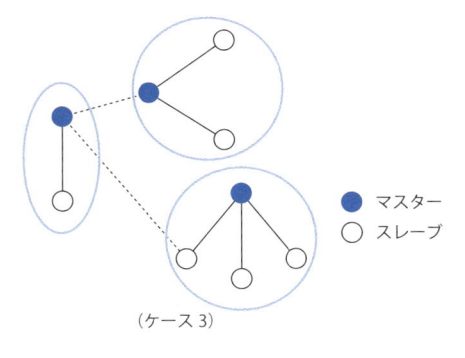

3-10 ワイヤレスキーボード

● Bluetooth によるワイヤレスキーボード

図3-10-1は、Bluetooth 2.0 Class2に対応したキーボードで、Bluetoothモジュールが内蔵されたパソコンやPlayStation3、iPad、iPhone4とつながります。それ以外のパソコンでは、Bluetooth USBアダプターが必要になります。

図 3-10-1　Bluetooth 2.0 Class2 に対応したキーボード
　　　　　（株式会社バッファローコクヨサプライ）

● Bluetooth の規格

Bluetooth 2.0 Class2 とは、バージョンが2.0で、電波の出力クラスが2という意味です。バージョン2.0は、双方の通信速度が異なる非対称型通信では、下りが723.2kbps、上りが57.6kbps、また対称型の通信では、432.6kbpsの最大実効速度で通信できるという仕様です。バージョン1も同じ転送速度ですが、容量の大きいデータの最大通信速度を3Mbpsに切り替える**EDR**（Enhanced Data Rate）がオプションで追加できるようになったのがバージョン2.0です。表3-10-1は3つのクラスに対応した電波の出力で、電波の強度を規定しています。Class3は固定の機器用で、一定の段階で送信電力を上げられる機能を持つ場合、最大100mWまで増やせます。

表 3-10-1　Bluetooth のクラス

クラス	電波出力	到達距離
Class 1	100mW	100m
Class 2	2.5mW	10m
Class 3	1mW	1m

3-11 3G ワイヤレス WAN

●ワイヤレス WAN

携帯電話の高速無線回線を使って企業などの WAN（広域通信網）を接続するのが **3G ワイヤレス WAN** です。図 3-11-1 は、企業の業務ネットワークで 3G ワイヤレス WAN を利用する一例です。3G の **HSPA**（High Speed Packet Access）方式は、下りまたは**ダウンリンク**（受信）が最高 7.2Mbps、上りまたは**アップリンク**（送信）は最高 5.76Mbps の高速通信が可能です。そこで、これを図のような通常の WAN 回線がダウンしたときに切り替える回線として使用すれば、高速の**バックアップ回線**として使えます。

図 3-11-1　3G ワイヤレス WAN を利用する一例

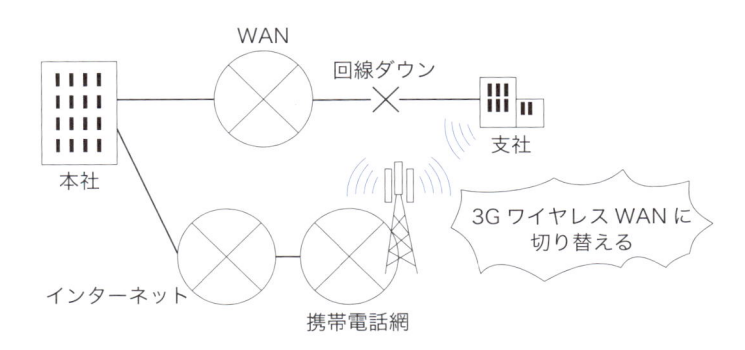

図 3-11-2 は、**インターフェースカード**の例です。このモジュールに SIM カードを装着して、**ルーター**を 3G 端末にすれば、図 3-11-1 のように、携帯電話網内に WAN 回線ができます。またルーターの **VPN**（Virtual Private Network）機能を使えば、通信の**セキュリティ**を確保することができます。

図 3-11-2　インターフェースカードの例
（シスコシステムズ合同会社）

3-12 ワイヤレス・ルーター

●ワイヤレス・ルーターを使った家庭内 LAN

ワイヤレス LAN に欠かせないのが**ワイヤレス・ルーター**です（1-14節）。ルーターは、**パケット**の宛先アドレスを調べてパケットを振り分け、複数のコンピュータ・ネットワークへ届ける交通整理の役割を果たしています。小規模の LAN や家庭内でワイヤレス LAN を組む場合は、図 3-12-1 に示すように、ワイヤレス・ルーターをインターネットのプロバイダーにつなぐと、複数台のパソコンをワイヤレスでつなぎ、それぞれのパソコンをインターネットに接続できるようになります。

図 3-12-1　家庭内 LAN の例（筆者宅の場合）

図 3-12-2　ケーブルモデムの例（シスコシステムズ合同会社）

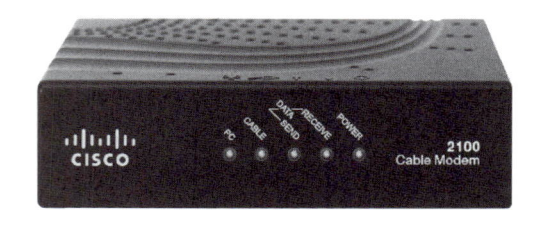

筆者らは、自宅のリビングを事務所代わりにしている個人事業主なので、ワイヤレス・ルーターを契約 **CATV**（ケーブルテレビ）のケーブルモデム

につなげています。**ADSL**などの場合も、**ケーブルモデム**と同じように LAN ケーブル（ツイストペア線）でワイヤレス・ルーターのインターネット接続端子とつなぎます。

●ワイヤレス・ルーターの設定と運用

筆者らが長年使っていたワイヤレス・ルーターは、2.4GHz 帯用だったので、印刷中に電子レンジを使うと、ワイヤレス接続のプリンターがだんまりをきめこんでしまい困りました。電子レンジも 2.4GHz の電磁波を共振させているので、動作中に扉のすき間から漏れていることがわかります。

久し振りにワイヤレス・ルーターを新しい製品（第 1 章 図 1-14-2）に替えてみましたが、電子レンジの動作中でもプリンターは問題なく印刷するようになり、妨害電波の対策が成されているようです。

ワイヤレス・ルーターは無線 LAN 親機とも呼ばれますが、図 3-12-3 は、この機器の接続を示しています。インターネットと接続している場合は、モデムや **ONU**（回線終端装置）、**CTU**（加入者網終端装置）とパソコンをつないでいる LAN ケーブルを外します。

付属の CD をパソコンにセットして画面に従ってセットアップを行い、親機をインターネットに接続します。これで 1 台目がワイヤレス接続できますが、つぎに 2 台目以降も同じステップでつなぎます。このとき、**AOSS**（AirStation One-Touch Secure System）ボタンを押すと、自動でセキュリティのための

図 3-12-3　親機の接続

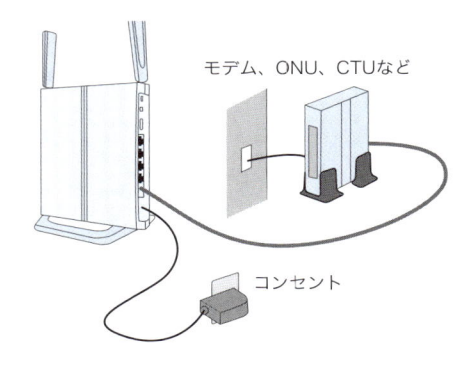

暗号キーの設定や接続の設定が完了します。また、この機能に対応していない子機などで、うまく自動設定できない場合は、手動で行いますが、親機に設定されている **SSID**（Service Set Identifier）や**セキュリティーキー**を使用して接続します。これらの機器は 24 時間稼働になりますが、朝一番につながらないことがまれにあります。そのときは、親機またはモデムの電源をOFF して、数十秒後に ON すると、しばらくして復帰するでしょう。

3-13 ワイヤレス・プリンター

●ワイヤレス対応のプリンター

図 3-13-1 は、ワイヤレス LAN のモジュールとアンテナを内蔵しているプリンターの一例です。

2.4GHz の周波数を使う IEEE802.11b、IEEE802.11g、IEEE802.11n の通信規格に準拠しており、設定は AOSS にも対応しているので、筆者らは前項の家庭内ワイヤレス LAN で使っています。

図 3-13-1　ワイヤレス対応のプリンター例（セイコーエプソン株式会社）

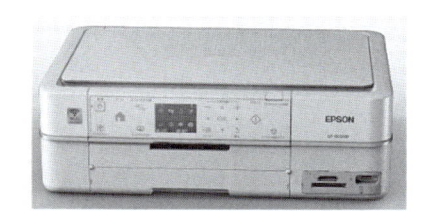

●一般のプリンターをワイヤレス化する

有線接続のプリンターは、図 3-13-2 のようなワイヤレス LAN プリントサーバーという装置でワイヤレス化できます。これによって、ワイヤレスで複数のパソコンから共有でき、この製品は双方向通信に対応しているので、プリンターに付属のユーティリティがそのまま利用できるようになり、インクの残量や用紙の有無などを確認できます。

図 3-13-2　ワイヤレス LAN プリントサーバーの例（プラネックスコミュニケーションズ株式会社）

アンテナは 2 本内蔵されていますが、これは**ダイバーシティ・アンテナ**と呼ばれ、感度のよい方のアンテナを用いたり、複数で受信した信号を合成して、反射波の干渉やノイズを軽減することができる技術です。

3-14 ワイヤレス充電

●ワイヤレス充電の規格 Qi（チー）

　ワイヤレス充電は、電動歯ブラシや電気シェーバーでは以前から行われていました。そのしくみは、第 2 章 2-4 節で学んだ**電磁誘導**による**ワイヤレス電力伝送**が使われていますが、このようなワイヤレス給電の技術に関する業界団体 **WPC**（Wireless Power Consortium）は、2010 年に **Qi** と呼ばれる規格（Volume I：Low Power）を策定しました。

　これは送電の電力が 5W 以下で、ワイヤレス給電の技術について規定した業界初の標準規格です。これまでの技術は、それぞれのメーカーが独自の方式で開発してきたため、一部の製品に限られていました。しかし、Qi という標準規格が誕生したことで、多くの製品が採用することになり、携帯電話やスマートフォン、デジタルカメラなどの機器が採用することになりました。

　図 3-14-1 は、**iPhone** 4 を充電できる Qi 規格に準拠したワイヤレス送電パッドと専用のワイヤレス受電スリーブ（ケース）です、送信ユニットが 2 つ入っています。送電パッド内のコイルは、図 3-14-2 に示すように、複数個を並べたコイル・アレイ方式で、充電する機器を乗せる位置をピッタリ合わせる必要がないので、確実に充電できます。iPhone 4 は Qi には対応していないのですが、専用のスリーブを着用することでワイヤレス充電を可能にしているようです。

図 3-14-1　ワイヤレス送電パッドの例
（日立マクセル株式会社）

●電磁誘導と磁気共鳴方式

　ワイヤレス給電の基本的な技術は、第 1 章で学んだファラデーの電磁誘導

です。電動歯ブラシや電気シェーバーで使われている方式がこれで、トランス（変圧器）の1次側コイルが送電（充電器）で、2次側コイルが受電（充電される機器）と考えられます。図 3-14-3 は、昭和飛行機工業が開発したワイヤレス給電システムの送電コイルです。このコイルに高周波の交流電流（50Hz～200kHz）を流して強い磁界を発生させ、図 3-14-4 に示すように、電動バスの底部に付けた2次側（受電側）が電気エネルギーに変換します。

もう一つの**ワイヤレス給電**は、図 2-4-5 のマサチューセッツ工科大学（MIT）が開発した技術で、コイルを共振させて強い磁界をつくる**磁気共鳴方式**を利用しています。トヨタ自動車は、電気自動車（EV）やプラグインハイブリッド車をワイヤレス充電できる、ガソリンスタンドに代わる充電インフラの実用化を目指すために、2011年4月、MIT からこの技術のライセンスを受けている米国のベンチャー企業 WiTricity と提携しました。

図 3-14-2　コイル・アレイ

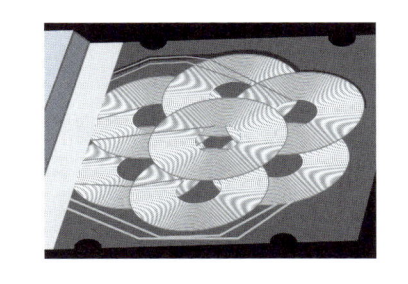

図 3-14-3　送電用 30kW コイル

図 3-14-4　電動バスの非接触給電の概要（昭和飛行機工業株式会社のカタログより引用）

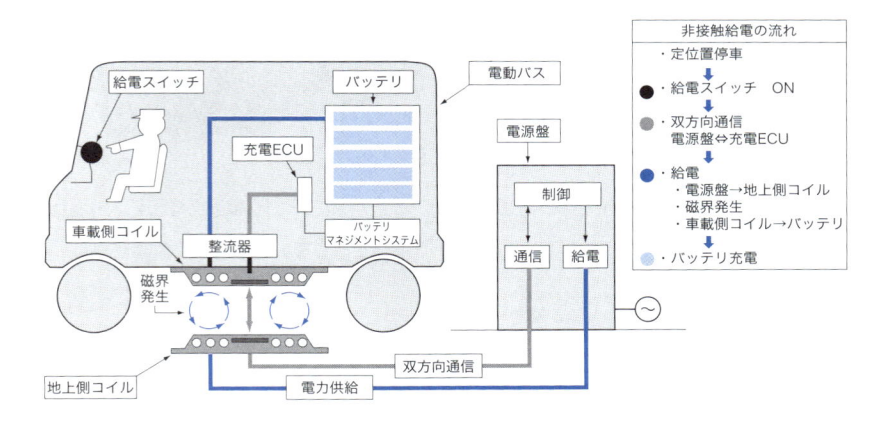

3-15 医療のワイヤレス化

●ワイヤレス生体情報モニター

図 3-15-1 は、**ワイヤレス生体情報モニター**です。画面は 4 人の患者の心電図や心拍数、血圧などをモニタリングでき、2 本のアンテナを使ってダイバーシティ方式で受信します。

生体情報をワイヤレスで得る場合、患者の**センサー**からの受信電波が途切れてしまうと問題です。**ダイバーシティ方式**は、2 本のアンテナを持っているので、何らかの原因で 1 つのアンテナの受信電波の強度が落ちても、すぐにもう 1 つのアンテナに切り替えて、情報の欠落を防ぐことができます。

図 3-15-2 は生体情報モニターの送信機です。内蔵されている送信アンテナの入力電力は 1mW と微弱で、単向通信方式（単一の通信相手に送信のみを行なう）で送信します。周波数は、特定小電力無線局医療用テレメータ用無線設備区分 A の標準規格に基づいた 420.05 〜 449.6625MHz です。

図 3-15-1　ワイヤレス生体情報モニター
　　　　　（日本光電工業株式会社）

図 3-15-2　送信機

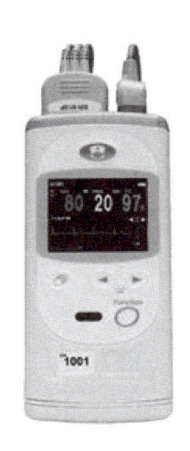

●人工心臓のワイヤレス給電

体内に埋め込まれる**人工心臓**は、永久磁石や電磁石を組み合わせた電磁アクチュエータが用いられていますが、数W（ワット）の電力が必要なので、埋め込んだ後で、充電電池に電力を補給しなければなりません。そこで、**電磁誘導**によりワイヤレスでエネルギーを供給する**経皮エネルギー伝送システム**が研究されています。

図3-15-3は、筆者の在学時代から今日まで引き継がれている研究の成果で、給電に使う空心型経皮トランスと、経皮エネルギー伝送システムのブロックダイアグラムです。大きい方のコイル（Primary coil）は皮膚の上に置いて、体内のコイル（Secondary coil）に対して電磁誘導でエネルギーを供給します。

図 3-15-3　経皮エネルギー伝送システム

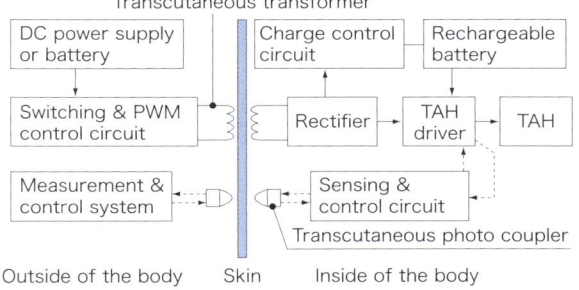

（柴建次，糠谷優之，辻敏夫，越地耕二：人工心臓用空心型経皮エネルギー伝送システム －体外情報による出力電圧の安定化制御－　生体医工学、Vol. 43、No. 4、pp. 670-676、2005 より引用）

ブロックダイアグラムの TAH（Total artificial heart）は人工心臓です。体内に伝送された交流電力は整流回路で直流に変換されて、TAH や充電電池、制御回路などに給電されます。

●カプセル内視鏡

筆者は胃カメラの検査を受けたくないので、薬のようにのみ込んで検査するカプセル内視鏡が開発されて、これなら試したくなりました。図 3-15-4 は、株式会社アールエフが開発した Sayaka の構造図です。

超小型カプセルの側面に CCD カメラがあり、回転しながら撮影しますが、この回転力は小型の永久磁石と電磁石の組み合わせで生じる反発力を利用しています。また、電力送信と姿勢制御用のコイルも内蔵しており、体外から無線で操縦します。

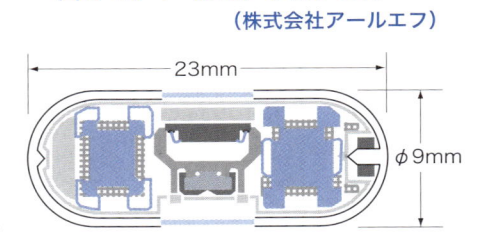

図 3-15-4　胃カメラカプセル
（株式会社アールエフ）

カプセル内には電池がなく、電力は体外からファラデーの電磁誘導を利用して無線で送られ、照明にも十分な電力が得られます。オリンパスメディカルシステムズの製品は、2005 年 10 月から欧州、日本では 2008 年から販売されています。またギブソン・イメージングのカプセル内視鏡も、病院の小腸検査で使われており、2007 年 10 月から保険適用となりました。

検査中は、腹部にはコードの付いたセンサー（心電図の電極のようなもの）を貼り付け、画像などを記録するデータレコーダーとつないで、専用のベルトに収納して腹部に密着しています。

残念ながら、現在日本ではカプセル内視鏡の仕様は小腸の観察に限られています。胃や大腸の検査はできないので、筆者のように胃カメラが苦手なのでカプセル内視鏡で検査してもらうというわけにはいきません。

小腸は従来バリウムによる造影検査しか方法がなかったので、より病変発見の確度が高い検査法が優先されて認可されたのだと思います。

3-16 ワイヤレス・テレメトリー

●デジタルマルチメーターによるデーターロガー

テレメトリー（telemetry）は**遠隔測定法**ともいわれ、観測している場所から離れて測定データを取得する技術です。

図3-16-1は**デジタルマルチメーター**の一例ですが、最近のテスターは機能（ファンクション）が豊富なので、マルチ（複数の）メーターとも呼ばれています。

図 3-16-1　デジタルマルチメーターの例

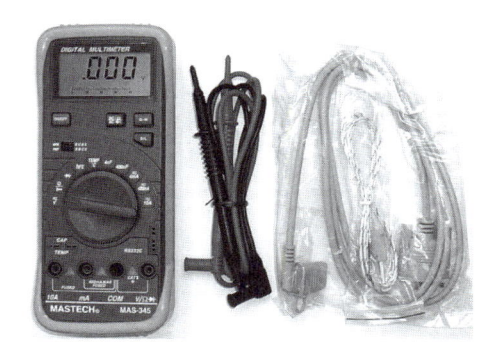

図 3-16-2　USB ポート（端子）
（株式会社秋月電子通商）

図3-16-2はパソコンとつなぐためのインターフェースで、USBポートが付いている製品です。この他に、RS-232Cや光カプラの接続ができるデジタルマルチメーターもありますが、これらはほとんどの機種で接続用ケーブルとソフトウェアが付属しています。付属のソフトウェアは、デジタルマルチメーター本体の液晶表示をパソコンの画面に表示するためのものです。測定データを時々刻々収集して保存する機能は**データーロガー**（Data Logger）と呼ばれていますが、これを行うためには、付属品とは別に専用のソフトウェアをパソコンにインストールする必要があります。

SANWAのデジタルマルチメーターPCシリーズには、パソコンにデータ

を取り込む専用ソフトウェア **PC Link Plus/PC Link** が用意されています。

●ワイヤレス LAN による簡易テレメトリー

Ts Digital Multi Meter Viewer は、パソコンに接続できるタイプのデジタルマルチメーターをデーターロガーとして活用するためのソフトです。これは Ts Software のフリーソフトで、多数のメーカー製品に対応しています（対応機種は、同社の Web で確認できる。http://www.ts-software-jp.net）。

Ts Digital Multi Meter Viewer（以下 Ts DMM Viewer）は、上記 Ts Software の Web からダウンロードでき、主な機能は次のとおりです。

1) アナログメーター機能。
2) センサーをオプションプローブとして利用できる。
3) ログは CSV 形式で保存し、Excel 等で利用できる。
4) ログの自動保存機能、ログのリプレイ機能。
5) 最大値・最小値・平均値のリアルタイム表示。
6) 最大・最小値を更新した時のビープ音 on/off 設定。
7) 上下限値の設定とビープ音の on/off 設定。

計測しているパソコンの計測値を、ネットワーク上の複数台のパソコンでリアルタイムに参照することができるので、ワイヤレス LAN でパソコンをつなぐと、簡易的なテレメトリーシステムを実現できます（図 3-16-3）。

図 3-16-3　ワイヤレス LAN による簡易テレメトリーの画面例

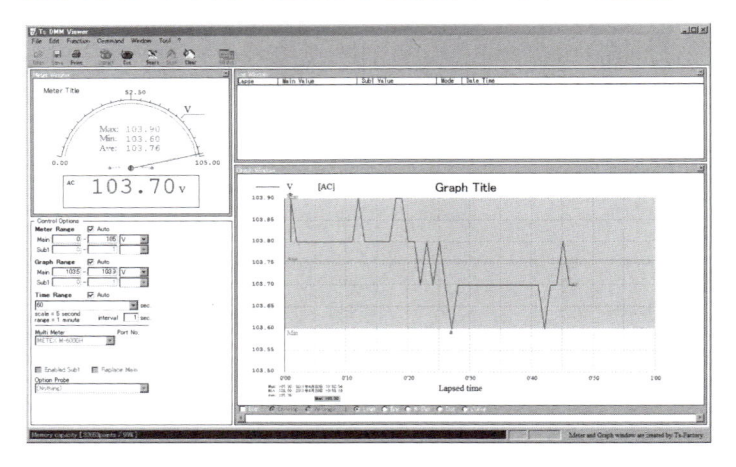

●本格的な遠隔監視システム

図3-16-4は、ワイヤレスセンサーを使って電力使用量や温度、湿度などを細かく計測して、工場や店舗の省エネを図る**遠隔監視システム**です。

図の下段にある**AirSense**は、日立製作所が開発したワイヤレス・センサーネットシステムで、第3世代携帯電話のパケット網を使ってASPサーバーに観測データを送ります。通信方式は**ZigBee**（第1章 1-15）で、複数のセンサー同士で互いに通信を行うマルチホップ通信で、広い領域を監視できます。

また、**TELEMOT**は明電舎の遠隔監視システムで、最大16ポイントのセンサーのデータが入力でき、計測したデータは本体だけでなく、インターネットを経由してパソコンや携帯端末でも監視できます。

図 3-16-4　本格的な遠隔監視システム

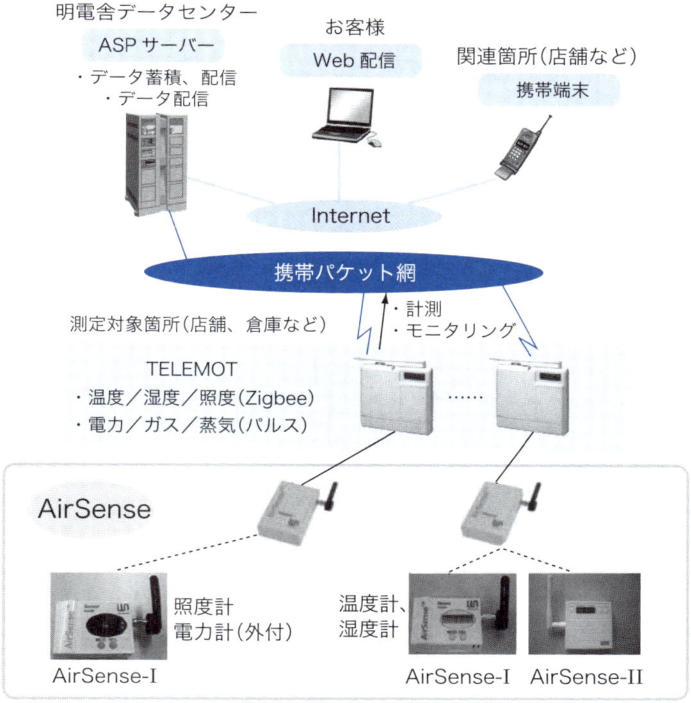

（日立製作所と明電舎のASP事業資料より引用）

3-17 高速ワイヤレス通信

● LTEと第4世代携帯

LTEは、NTTドコモやソフトバンクモバイルなどの**第3世代携帯電話方式**である**W-CDMA**の高速データ通信規格**HSDPA**（High Speed Downlink Packet Access）をさらに高速化した通信規格で、当初Super3Gと呼んでいました。下り100Mbps以上、上り50Mbps以上の高速通信を目指したもので、W-CDMA方式の国際標準化団体**3GPP**で標準化が進められています。LTEは、その先の第4世代（4G）を導入する前に、まず3Gの速度を大幅にアップさせようという考えで、国際標準化団体3GPPでの検討が提案されました。

その先の第4世代のモバイル（移動体）通信システムは、**ITU**（国際電気通信連合）が2012年に勧告承認を目指しています。LTEの先を意味する**LTE-Advanced**と、WiMAXの先を意味する**WiMAX2**とからなり、実効速度で光ファイバー通信並の通信速度になります。

一部では、**3.9G**のWiMAXやLTEあるいは**3.5G**を4Gと呼んでいる場合があり、混乱しそうです。

ワイヤレス通信は、表3-17-1の携帯電話の変遷に示すように、高速化の一途をたどっています。

●高速化の技術

データ通信の速度は、世代が代わるたびに1桁アップされ、3.9Gでは2桁もアップされていますが、これらの高速化は、どのような技術によって実現されているのでしょうか？

・CDMAの技術

CDMA（Code Division Multiple Access：符号分割多重接続）は、1つの周波数を使って複数の発信者の信号にそれぞれ異なる符号を乗せて、すべ

表 3-17-1　携帯電話の世代と通信のスピード

携帯電話の世代	通信スピード	
第 2 世代（2G）	PDC (NTT ドコモ，ソフトバンク，ツーカー) cdmaOne（KDDI グループ）	9.6 kbps 14.4 kbps
第 2.5 世代（2.5G）	PDC-P GPRS/EDGD	28.8 kbps 115.2kbps
第 3 世代（3G）	W-CDMA (NTT ドコモ，ソフトバンク) CDMA 2000 1x (KDDI グループ)	384 kbps 144 kbps
第 3.5 世代（3.5G）	W-CDMA HSDPA CDMA 2000 1xEV-DO	3.6 Mbps 2.4 Mbps
第 3.9 世代（3.9G）	LTE（Long Term Evolution） UMB（Ultra Mobile Broadband：2008 年に開発継続を断念）	100 Mbps 以上 100 Mbps 以上

※第 4 世代では、Gbps 台の通信速度を実現する。

ての信号を合成して送ります。受信側は相手の符号を合成信号に乗せることで、相手の信号を取り出すことができます。

2G の **cdmaOne** は、主に電話を想定していたので、高速のデータ通信には向いていませんでした。**3G** は ITU が定める **IMT-2000**（International Mobile Telecommunication 2000）規格に準拠した通信システムです。NTT ドコモやソフトバンクモバイルが採用している W-CDMA 方式は、広帯域（Wideband）の CDMA という意味があります。

・変調の種類と高速変調方式

W-CDMA や CDMA2000 の高速データ通信は、**高速変調方式**（**HDR**：High Data Rate）によって実現されています。ここで変調とは、信号を高い周波数の電波（これを**搬送波**と呼ぶ）に乗せることですが、デジタル・データの変調は、図 3-17-1 に示す **ASK** や **FSK**、**PSK** の変調方式が使われています。

図 3-17-1　デジタル信号の変調方式

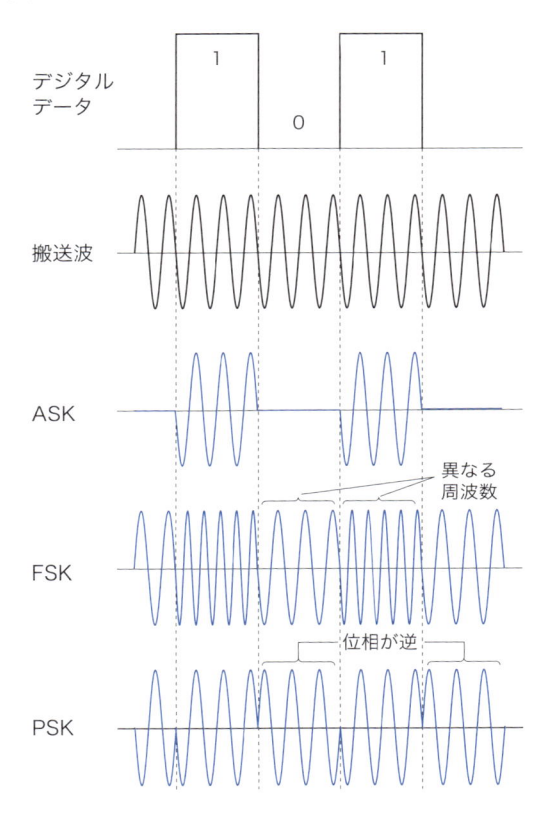

まず ASK は、デジタル・データの 0 を搬送波なしに、また 1 を搬送波ありに対応させています。

FSK は 0 と 1 を周波数の異なる搬送波に対応させる方式です。FM 波は搬送波の雑音成分を除去できるので、AM よりも雑音に強いといわれています。PSK は位相の変化を 0 と 1 に対応させています。実際には、移動体通信では PSK の変調方式だけが使われています。

搬送波は、図 3-17-2 のように 1 周期を 360 度（2π）とすれば、0 を 0 度、1 を 180 度変化させることで表現します。また、2 ビットの 00、01、10、11 を 0 度、90 度、180 度、270 度に対応させる 4 相方式や、3 ビットを割り当てる 8 相方式があります。

図 3-17-2　サイン波と角度

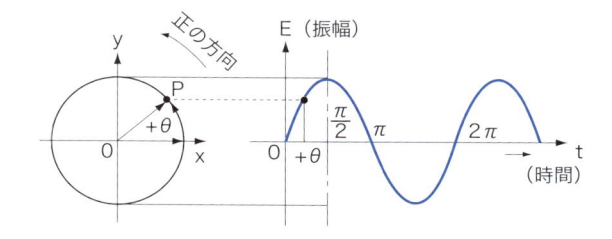

・振幅位相変調と IQ 平面

　振幅位相変調は、振幅変調と位相変調を組み合わせた変調方式です。図 3-17-3 は、8 つの位相角に 2 つの振幅を割り当てた振幅位相変調の例です。この方式では、図に示すように 4 ビットで構成される 0000（十進の 0）から 1111（十進の 15）を割り当てることができます。

図 3-17-3　振幅位相変調の例

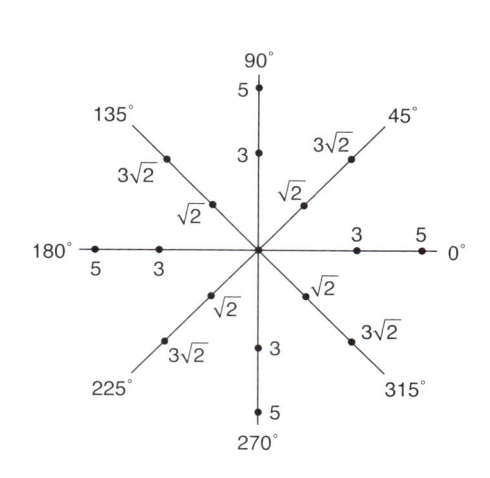

ビット	振幅	位相角
0000	$\sqrt{2}$	45°
0001	3	0°
0010	3	90°
0011	$\sqrt{2}$	135°
0100	3	270°
0101	$\sqrt{2}$	315°
0110	$\sqrt{2}$	225°
0111	3	180°
1000	$3\sqrt{2}$	45°
1001	5	0°
1010	5	90°
1011	$3\sqrt{2}$	135°
1100	5	270°
1101	$3\sqrt{2}$	315°
1110	$3\sqrt{2}$	225°
1111	5	180°

図3-17-3は、X軸とY軸による直交座標ですが、両者には90度の位相差があります。そこで、X軸を **I相**（**In phase**）、Y軸を **Q相**（**Quadrature phase**）といい、この表示面を **IQ軸**や **IQ平面**といいます。図3-17-4は8相PSKと16QAM（Quadrature Amplitude Modulation）のIQ平面です。

図3-17-4　8相PSK（上）と16QAM（下）のIQ平面

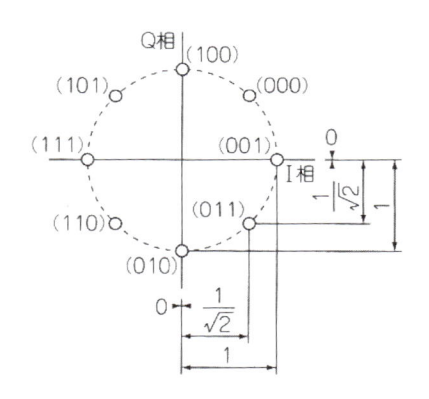

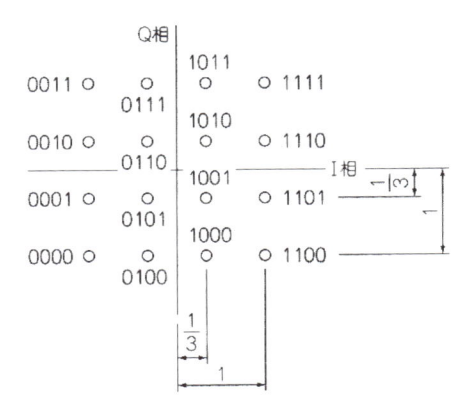

　このように、変化した位相の種類を増やすことで、変調1回あたりのビット数を格段に増やせるので、高速のデータ通信ができるのです。W-CDMAやCDMA2000は、**16QAM**の変調方式を採用しています。

3-18 多様化するワイヤレス・ネットワーク

●混乱するワイヤレス通信

　ワイヤレスの世界はさまざまな通信技術が乱立しており、専門家でも迷うほどです。表 3-18-1 は、ワイヤレス通信の特長と違いをまとめた一覧表です。

　モバイル WiFi ルーターは、出張先のノート PC からインターネットにアクセスするときに便利な装置です（表 3-18-1 ではワイヤレス WAN に属す）。WiFi のロゴが付いたパソコンや、携帯、PDA などで**ワイヤレス LAN**を利用するときにも使える手のひらサイズのルーターですが、WiMAX の小型通信カードも、USB や PC カードタイプがあるので迷ってしまいます。

表 3-18-1　ワイヤレス通信の違い

	Bluetooth	ワイヤレス LAN	ワイヤレス WAN	WiMAX
用途・特長	パソコンや携帯情報端末などで使われている短距離のワイヤレス通信を想定して開発された技術。3-8～3-10 節を参照。	無線通信による LAN（Local Area Network）IEEE 802.11 規格の製品が普及している。	広域の無線通信による WAN（Wide Area Network）携帯や PHS などの通信回線を使用してインターネット接続を行う。	ワイヤレス LAN の技術を拡張した高速ワイヤレスインターネット接続。（Worldwide Interoperability for Microwave Access）
速度距離またはサービスエリア	最大 3Mbps 最長 100m Class2 は 10m	最大 450Mbps（理論値）規格により異なる。数 10m	最大 7.2Mbps（受信）EMOBILE G4 では最大 42Mbps(受信)。通信エリアは全国	最大 21Mbps 最長 3km 通信エリアは都市部が多い
メーカー製品	モジュールは東芝セミコンダクターをはじめ多数。	ワイヤレス・ルーターは、バッファロー、NEC、ロジテックなど。	通信サービスは、NTT ドコモ、au、イーモバイルなど。	WiMAX が内蔵されたパソコンは、SONY、パナソニック、東芝など。

3-19 ZigBee によるワイヤレスシステム

● ZigBee 規格

ZigBee は、低消費電力で比較的近距離の通信を想定した標準規格で、ZigBee Alliance が仕様を策定し、電気的な仕様は IEEE 802.15.4[注] として規格化されています。データ転送速度は 250kbps と低速ですが、消費電力が少ないので、電池の消耗度にもよりますが最長で数年間稼動させることができます。また ZigBee はネットワークを構成できることが特徴で、一つの ZigBee ネットワークに最大で 65,528 個の ZigBee 端末を接続できる仕様になっています。

● ワイヤレスエンジン

図 3-19-1 は、評価開発キット、無線センサーノード（大）です。

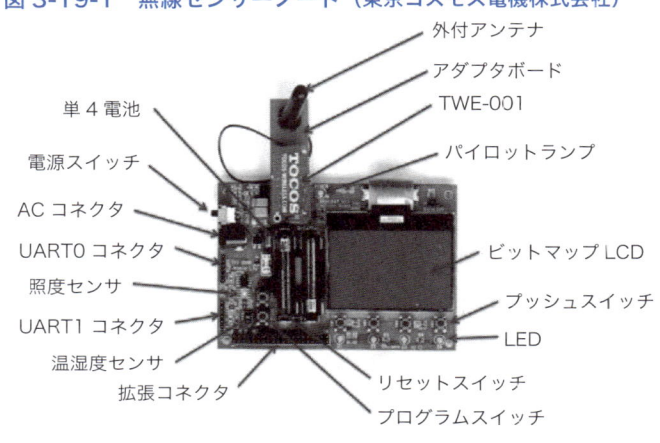

図 3-19-1　無線センサーノード（東京コスモス電機株式会社）

ラベル: 単4電池、電源スイッチ、AC コネクタ、UART0 コネクタ、照度センサ、UART1 コネクタ、温湿度センサ、拡張コネクタ、外付アンテナ、アダプタボード、TWE-001、パイロットランプ、ビットマップ LCD、プッシュスイッチ、LED、リセットスイッチ、プログラムスイッチ

注) IEEE 802.15.4 は、IEEE（米国電気電子学会）が策定している WPAN（Wireless Personal Area Network）と呼ばれる短距離無線ネットワークの規格である。

この他に**無線センサーノード**（小）が 4 個付いているので、図 3-19-2 の**スター型接続**をはじめ、**ツリー型接続**、あるいはバケツリレーのような**リニア型接続**の実験ができます。

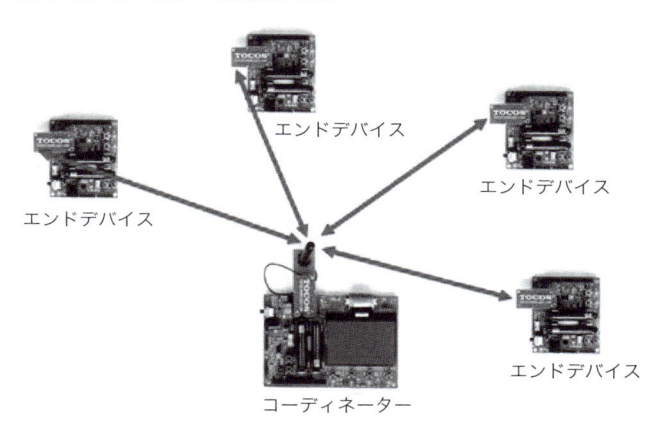

図 3-19-2　スター型接続の例

エンドデバイス
エンドデバイス
エンドデバイス
エンドデバイス
コーディネーター

このように ZigBee は、複数のワイヤレスセンサーからデータを収集する**ワイヤレス・テレメトリー**で使われており、3-16 節の AirSense や TELEMOT でも採用されています。

第4章

ワイヤレスを
安全に利用する

　コンピュータ・ネットワークがワイヤレス化されると広範囲の盗聴が可能で、便利な半面セキュリティ対策の強化が望まれます。また違法の無線装置による運用に対しては、国が行う無線局や周波数の管理・監督業務も重要です。

　本章では、身近になったワイヤレス・システムを正しく安全に利用するための知識をまとめています。

4-1 セキュリティ対策

●ハッカーの暗躍

2011年4月、ソニーがプレイステーション3のプロテクトを解除した**ハッカー**を訴えたことに対して、アノニマス（Anonymous）と名乗るハッカー集団が、報復という理由でソニーの公式サイトのいくつかを攻撃し、PSN（プレイステーションネットワーク）のユーザーがログインできないなどの被害が出ました。この不正なアクセス（情報操作）によって、最大7700万人のPSNユーザーの情報が漏れた可能性があり、これが事実であれば個人情報の流出としては過去最大の事件とのことです。

ハッカーとは、コンピュータに関する技術を悪用して、企業や他人のコンピュータに侵入したり攻撃したりする者を指すようになりましたが、本来は高い技術を持った人々をこう呼んでいたのだそうです。欧米では、大企業や政府系機関もハッカーを雇用する時代ですから、ハッカー問題は世界的に「いたちごっこ」の様相を呈しています。

●ワイヤレス通信のセキュリティ対策

第3章までに学んだ**ワイヤレス通信**のしくみのなかで、**セキュリティ**対策に関係する技術をピックアップしてみましょう。

・赤外線ワイヤレス

IrDAは通信距離が1m前後と短く、赤外線が放射される角度が30度前後なので、盗聴される危険性が低い通信といえます。

・ワイヤレスWAN

ワイヤレスWANで使うルーターの**VPN**（Virtual Private Network）機能を使えば、**通信のセキュリティ**を確保することができます。VPNは、一般の公衆回線を**専用回線**のように利用できるサービスで、企業内のLAN同

士を接続する場合に使われます。最近は、インターネットを経由して企業間をつなぐ**インターネットVPN**が盛んで、通信費の削減に貢献しています。

インターネットは、複数の場所にある複数のルーターによるデータのバケツリレー方式なので、データをそのまま通すと盗聴される恐れがあります。このためインターネットVPNでは、**IPsec**という**プロトコル**（通信手順）を使って通信データを暗号化しています。

IPsecは、図4-1-1に示すように暗号技術を用いて、LANの**IP層**でやりとりされるIPパケットと呼ばれるデータの単位で、データの改竄防止や秘匿機能を提供するプロトコルです。

図4-1-1　トンネルモードSAとトランスポートモードSA

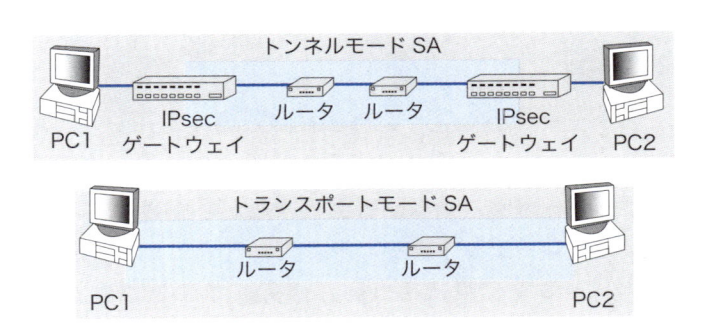

図の上段に示す**トンネルモードSA**は、通信路の途中にある**IPsecゲートウェイ**という通信装置が暗号化などを行います。ここでは送信元で付けられた**IPヘッダ**（IPパケットの先頭に付けられているデータ）なども含め、パケットが丸ごと暗号化され、新たなIPヘッダが付けられます。

また、図の下段に示す**トランスポートモードSA**は、送信元のコンピュータと宛先のコンピュータ間でIPsecの暗号化などを行い、IPヘッダは暗号化されません。ここで**SA**（Security Association）とは、通信をはじめる前に暗号化方式や暗号鍵などの情報を交換・共有して、安全な通信路を確立することをいいます。

IPsecの通信路は単方向の接続なので、双方向通信には2本のSAが必要で、このときに確立された仮想的な**暗号通信路**（トンネル）のことも、SAということがあります。

・**暗号化の種類**

暗号化の種類は、図 4-1-2 に示すように**対称鍵暗号系**と**非対称鍵暗号系**に大別されます。

図 4-1-2　対称鍵暗号系と非対称鍵暗号系の暗号化

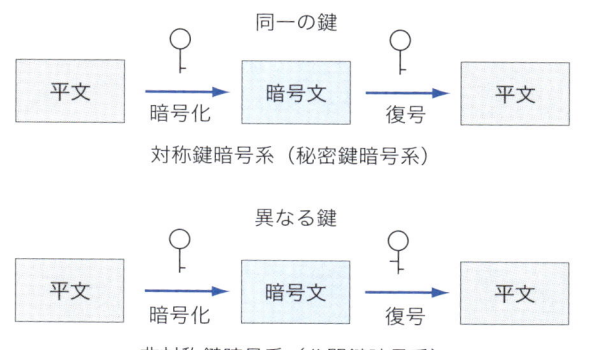

```
          同一の鍵
    ┌─────┐        ┌─────┐        ┌─────┐
    │ 平文 │──暗号化→│暗号文│──復号→│ 平文 │
    └─────┘        └─────┘        └─────┘
         対称鍵暗号系（秘密鍵暗号系）

          異なる鍵
    ┌─────┐        ┌─────┐        ┌─────┐
    │ 平文 │──暗号化→│暗号文│──復号→│ 平文 │
    └─────┘        └─────┘        └─────┘
       非対称鍵暗号系（公開鍵暗号系）　ネットショッピングなど
```

　図の上段に示す対称鍵暗号系は**秘密鍵暗号系**とも呼ばれ、送り手と受け手が同一の秘密鍵を持ち、送り手はその鍵で文書（平文：暗号化されていないデータ）を暗号化します。受け手は同じ秘密鍵で平文にもどす（復号という）ので、この秘密鍵が盗まれないように管理する必要があります。

　また、図の下段に示す非対称鍵暗号系は**公開鍵暗号系**とも呼ばれ、送り手と受け手は異なる鍵を持ちます。この暗号化の鍵から復号の鍵を推測できないので、暗号化の鍵を公開してもよいことになります。

　ネットショッピングなどでは、ユーザーが意識して暗号鍵を扱うことなく、自動的に暗号化通信をしているといったメッセージが表示されますが、実はネットショッピングの Web サイトには暗号化の**公開鍵**が載せてあるので、この鍵でショッピングのデータが自動的に暗号化されて送られます。

　一方、復号用の鍵はネットショッピングを運営している側だけが持っているので、ショッピングのデータが盗聴されても復号はできないので、**通信のセキュリティ**が保たれるというわけです。

・**電子署名のしくみ**

図4-1-3は電子署名のしくみです。**電子署名**とは送り手本人が暗号化を行ったことを受け手に保証するための印鑑のような役割を果たしてくれます。

図4-1-3　電子署名のしくみ

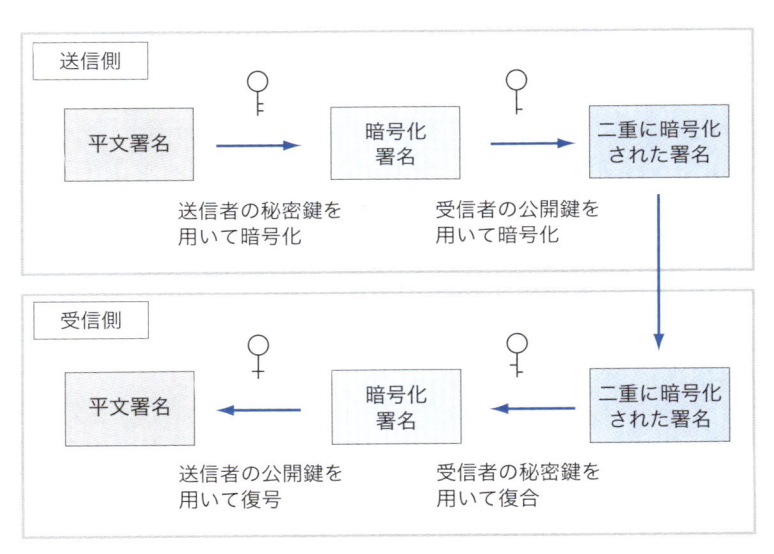

```
┌─────────────────────────────────────────────────┐
│ 送信側                                            │
│                  ♀              ♀                │
│  ┌──────┐       ┌──────┐       ┌────────┐       │
│  │平文署名│ ───→ │暗号化 │ ───→ │二重に暗号化│    │
│  │      │       │署名  │       │された署名 │    │
│  └──────┘       └──────┘       └────────┘       │
│              送信者の秘密鍵を  受信者の公開鍵を     │
│              用いて暗号化      用いて暗号化         │
└─────────────────────────────────────────────────┘
                                         │
┌─────────────────────────────────────────▼───────┐
│ 受信側                                            │
│                  ♀              ♀                │
│  ┌──────┐       ┌──────┐       ┌────────┐       │
│  │平文署名│ ←─── │暗号化 │ ←─── │二重に暗号化│    │
│  │      │       │署名  │       │された署名 │    │
│  └──────┘       └──────┘       └────────┘       │
│              送信者の公開鍵を  受信者の秘密鍵を     │
│              用いて復号        用いて復合           │
└─────────────────────────────────────────────────┘
```

非対称鍵暗号系には、暗号化と復号の鍵を逆に使えるものがあります。これを使って署名を送り手の秘密鍵で暗号化すると、送り手以外には作成できない暗号分になります。受け手はこれを送り手の公開鍵で復号すれば、署名の内容が読めます。

しかし、このままでは暗号化した署名をそのまま盗聴されてしまうので、暗号化した署名は受け手の公開鍵でさらに暗号化されます。こうすることで、送り手本人が暗号化を行ったことを受け手に保証することができるのです。

・**スペクトル拡散**

第3章で学んだように、**スペクトル拡散**では送りたいデータの信号は**スペクトル拡散キー**（符号）を挿入して広帯域の高周波に拡散されて送信されます。受信側ではキーを基に復元されますが、電波を傍受しても正しいキーがないので復元できずに、**盗聴**の可能性は低くなります。

4-2 暗号化通信

● SSL 暗号化通信

インターネットのWebサイトへアクセスするときにhttps://で始まるURLがあります。この**HTTPS**（Hypertext Transfer Protocol over Secure Socket Layer）は、ホームページ（HTTP）のセキュリティに**SSL**（Secure Socket Layer）という暗号化技術を使っています。

コンピュータ・ネットワークの**セキュリティ**は、表4-2-1に示すように各階層で暗号化が用意されています。**TCP/IP**はLANやインターネットで標準的に使われているプロトコル（通信手順）で、表ではセキュリティのプロトコルに対応して描かれています。

表4-2-1　コンピュータ・ネットワークのセキュリティ・プロトコル例

OSI参照モデル	TCP/IP階層モデル	セキュリティプロトコル	
アプリケーション層	アプリケーション層	S/MIME、PGP SSH	← メール、遠隔ログイン等の暗号
プレゼンテーション層			
セッション層			
トランスポート層	トランスポート層	SSL/TSL	← Web等の暗号化
ネットワーク層	インターネット層	IPsec	← IPパケット暗号化
データリンク層	ネットワークインタフェース層	WEP、WPA	← 無線LAN暗号化
物理層			

アプリケーション層の**S/MIME**（Secure MIME）や**PGP**（Pretty Good Privacy）は電子メールの暗号化方式で、**SSH**（Secure Shell）は遠隔地からコンピュータを使うときの**ログイン**（認証）を暗号化します。

SSL/TSL（Transport Layer Security）はトランスポート層のセキュリティ・プロトコルです。トランスポート層は、通信を行っているコンピュータ間のデータ転送を管理しているので、これによりWebの接続ごとに暗号化を行うことができます。

4-3 電波の周波数が不足している

●周波数帳

　筆者は中学生のころ、世界の短波放送局に受信レポートを送るともらえるベリカードというきれいな絵はがき（受信証明書）集めに夢中になりました。このような放送聴取者は **BCL**（Broadcasting Listener）と呼ばれていますが、未だに根強い人気があります。

　珍しい放送局の受信には、周波数順に放送局の情報が載っている本が必需品です。筆者は1970年代に、図4-3-1（a）のWRTH（World Radio TV Handbook）を個人輸入して使っていました。日本でもその後、図4-3-1（b）の**周波数帳**が発行されて、BCLのバイブルになっています。

図4-3-1　BCLのバイブルWRTHと周波数帳（株式会社三才ブックス）

(a)　　　　　　　　　　(b)

　周波数帳の後半は、45Hzから1000GHzまでの周波数順のリストになっており、最も低い45Hzは、アメリカ海軍が対潜水艦通信として使っていることがわかります。それでは1000GHzは何で使われているかとページを繰ると、「275～1000GHzは分配されていない」と書かれています。日本の**電波法**では、電波は3000GHzまたは3THz（テラヘルツ）以下の電磁波と定義されていますが、周波数帳に記載されている最高の周波数265～

275GHz 帯は、衛星通信や電波天文用に割り当てられています。

●**周波数の争奪戦**

VHF 帯（30 〜 300MHz）から UHF 帯（300MHz 〜 3GHz）はほとんど空きがないほどです。アンテナの基本形は、第 1 章で学んだ線状のダイポール・アンテナです。放送の受信用やコードレス電話、携帯電話などでも使われていますが、アンテナの寸法から逆算すると、**VHF 帯**（波長 1 〜 10m）から **UHF 帯**（波長 10cm 〜 1m）までがちょうどよい寸法になります。そこで、放送や通信の業務に対する割り当てが進み、古くなった通信サービスをやめて、その周波数帯をリサイクルしているのが現状です。

●**地デジの効用**

地上デジタル放送はアナログ放送よりも高音質・高画質で、**多チャンネル放送**や**データ放送**、双方向性という新たな機能も追加されました。**電波障害**にも強いという特徴もありますが、もう一つのメリットはアナログ放送に比べ、必要な電波の周波数帯域が約 2/3 に**圧縮**できることです。これによって貴重な UHF 帯に空きができましたが、この周波数には携帯端末向けの新しい放送が計画されました。

また、**ITS**（Intelligent Transport Systems：高度交通システム）で使用する無線通信システムにも、この周波数の一部を使います。ITS は道路などに設置したセンサーと走行する自動車の無線機でワイヤレス通信し、周辺の道路の混み具合や他の自動車の情報などを得るシステムです。携帯電話の周波数も、**スマートフォン**の普及で不足気味で、一部を通信業者に割り当てることになりそうです（図 4-3-2）。

図 4-3-2　地デジ化で空いた周波数帯の割当

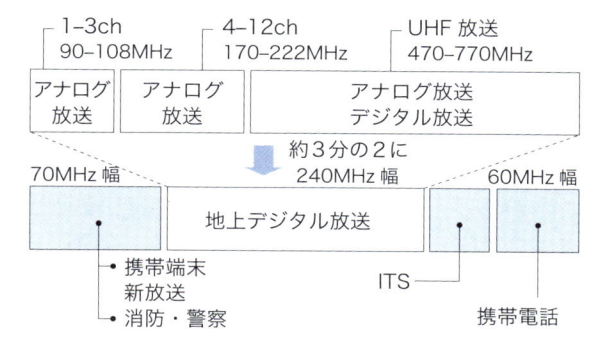

1–3ch 90–108MHz	4–12ch 170–222MHz	UHF 放送 470–770MHz
アナログ放送	アナログ放送	アナログ放送 デジタル放送

約3分の2に
240MHz 幅

70MHz 幅　　　地上デジタル放送　　　60MHz 幅

・携帯端末新放送
・消防・警察
ITS
携帯電話

4-4 電波法違反？

●アマチュア無線と電波法違反

電波法といえば、30年以上前に受けた筆者のアマチュア無線局JG1UNEの落成検査を思い出します。学生のときに第2級アマチュア無線技士に合格したのですが、当時は2級の開局にも電波監理局（現在は総合通信局）の立ち入り検査があり、近所のテレビやラジオ、電話機などに電波障害が発生していないか、テスト送信をして混信妨害を調べられました。

出力100Wの送信機でしたが、学生下宿の1部屋でAMラジオに妨害を与えてしまい、その対策に苦労しました。この妨害は**BCI**（Broadcast Interference）と呼ばれていますが、テレビに与える場合は**TVI**です。ポータブル・ラジオには、フェライト棒にコイルを巻いたバーアンテナが入っていますが、**アマチュア無線**の電波を受信してしまったようです。

電波法では「無線局は、自局の呼び出しが他の既に行われている通信に混信を与える旨の通知を受けたときは、直ちにその呼び出しを中止しなければならない。無線設備の機器の試験又は調整のための電波の発射についても同様とする（運用22条1項）」のように定められています。

電波法令集は情報通信振興会からCD-ROM版も購入できますが、すべての無線局に関係する法令を網羅しているので、アマチュア無線局には「アマチュア局用電波法令抄録（図4-4-1）」が便利です。

図 4-4-1　アマチュア局用電波法令抄録（CQ出版株式会社）

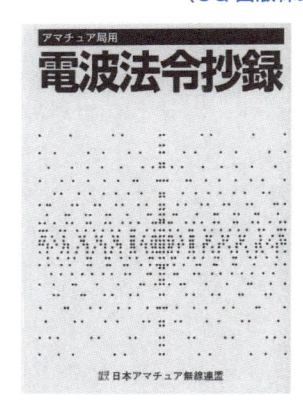

●電波障害と電波法

ワイヤレス機器から放射されるノイズは、他の通信機器やラジオ、テ

レビの受信に障害を与える可能性があるので、電波法第82条や101条で、無線設備に対する障害の排除が規定されています。図4-4-2は、**電波障害**を発生したり**受信妨害**を受けたりする可能性がある、電気通信設備と一般の機器・設備の例を示しています。

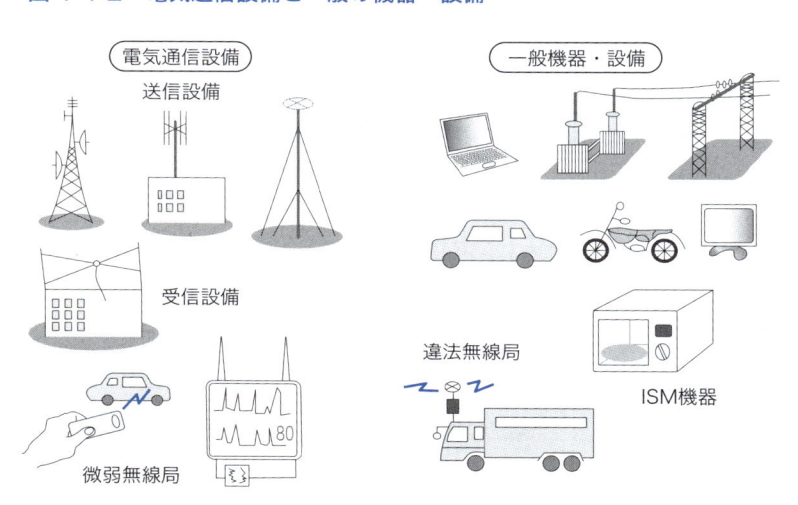

図 4-4-2　電気通信設備と一般の機器・設備

電気通信事業者は、固定電話や携帯電話などの**電気通信サービス**を提供する会社を指しますが、電気通信事業法や関連の法令で、機器・設備からの妨害波の許容値とその測定法が規定されています。

自動車のキーレスエントリーで使われている**微弱無線局**は、「発射する電波が著しく微弱な無線局で、総務省令で定めるもの」と定められています。

図4-4-3に示すように、機器から3m離れた位置で測定した電界強度の上限値が決められており、これより低い電界強度であれば、無線局の免許は不要です。

微弱無線局は、図4-4-3に示す電界強度の制限だけですから、それ以外の周波数や変調方式などに関する規制がありません。そこで、趣味の世界でもさまざまな用途で使われています。

おもちゃでは、ロボットのリモコンやトランシーバー、ワイヤレスマイクなど、またファミリーレストランの注文呼び出しや自動車のイモビライザーなども、多くが微弱無線局です。

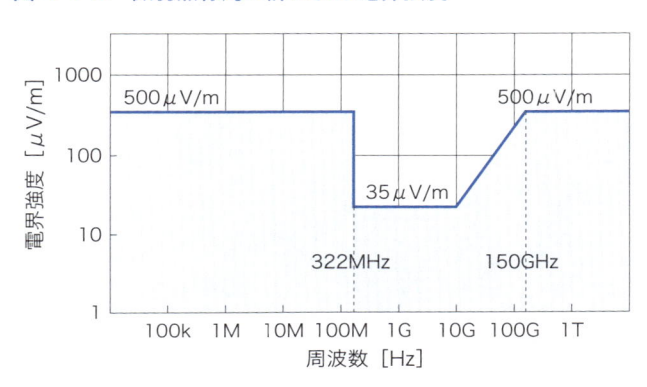

図 4-4-3　微弱無線局に許される電界強度

●違法無線局

　微弱無線局は無線局の免許は不要ですが、規定値以上の電界強度で運用した場合は、**違法無線局**として電波法で罰せられます。

　日本人が海外で購入した iPad を持ち帰り、そのまま日本国内で使用すれば電波法違反になるのではないかと話題になりました。海外で販売されているワイヤレス通信機器は、日本の無線機の**技術基準適合証明（技適）**が取得されていないので、日本の電波法では、確かに「免許を受けずに無線局を開設若しくは運用した場合は電波法違反」です。しかし海外からの旅行者は、来日して技適が取得されていないスマホを使っているのですから、厳格に取り締まることができないのも実状です。

　電波法違反は「1 年以下の懲役又は 100 万円以下の罰金」で、公共性の高い無線局に妨害を与えた場合はさらに厳しく、「5 年以下の懲役又は 250 万円以下の罰金」です。違法無線局として有名なのは、トラックなどに搭載した **CB**（市民ラジオ）無線機や**パーソナル無線**機（900MHz 帯）でしょう。CB は「26.9 〜 27.2MHz の周波数で、空中線電力が 0.5W 以下である無線局のうち、総務省令で定めるもの」で、技適マークの付いた無線設備を使用する無線局です。また、無免許でアマチュア無線機を使った違反も摘発されています。出力の違反としては、数 kW の増幅器を使用しているといった悪質なケースもあります。このような大電力を放射することで、高速走行中に自動車のマイコンが誤動作しないか心配になります。電気機器が誤動作して火災につながった事件もあり、本格的な探索が望まれます。

4-5 電波監理とは

●電波監理の意味

電波監理とは「電波を公平かつ能率的に利用するため、国が電波の割り当てや運用基準などを定めて監督すること」です。図 4-5-1 に電波監理法制を示します。

図 4-5-1　電波監理法制　（総務省）

1　日本の電波監理　　　　　⟶　総務省が所管
2　電波監理の範囲　　　　　⟶　電波利用に属する全て
3　電波監理のための法律　⟶　電波法

電波法は、電波の公平且つ能率的な利用を確保することによって、公共の福祉を増進することを目的としている。

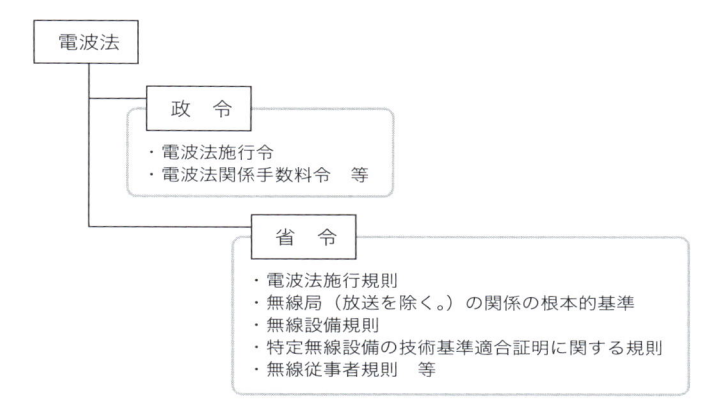

```
電波法
  └─ 政　令
      ・電波法施行令
      ・電波法関係手数料令　等
      └─ 省　令
          ・電波法施行規則
          ・無線局（放送を除く。）の関係の根本的基準
          ・無線設備規則
          ・特定無線設備の技術基準適合証明に関する規則
          ・無線従事者規則　等
```

電波監理業務は無線局や周波数の管理・監督ですが、電波利用者にとって身近な業務は、無線局の申請や**電波監視**、**電波利用料**の徴収などでしょう。**デューラス**（**DEURAS**：Detect Unlicensed Radio Stations）は、4-4 節の違法無線局などを見つけるために総務省が日本全国に配置している**電波監視システム**です。違法電波の電界強度や到来方向を遠隔方位測定設備（DEURAS-D）、小型遠隔方位測定設備（DEURAS-R）、不法無線局探索車（DEURAS-M）、短波監視施設（DEURAS-H）のような設備で計測しています。

4-6 電波を監視するシステム

●遠隔方位測定設備（DEURAS-D）

図4-6-1は、電波を監視するシステムの1つで、遠隔方位測定設備のイメージ図です。都市部のビルの屋上や鉄塔などに設置しているセンサー局は、各地にある総合通信局に設置しているセンター局と専用回線などでつながっています。

図4-6-1 遠隔方位測定設備（総務省）

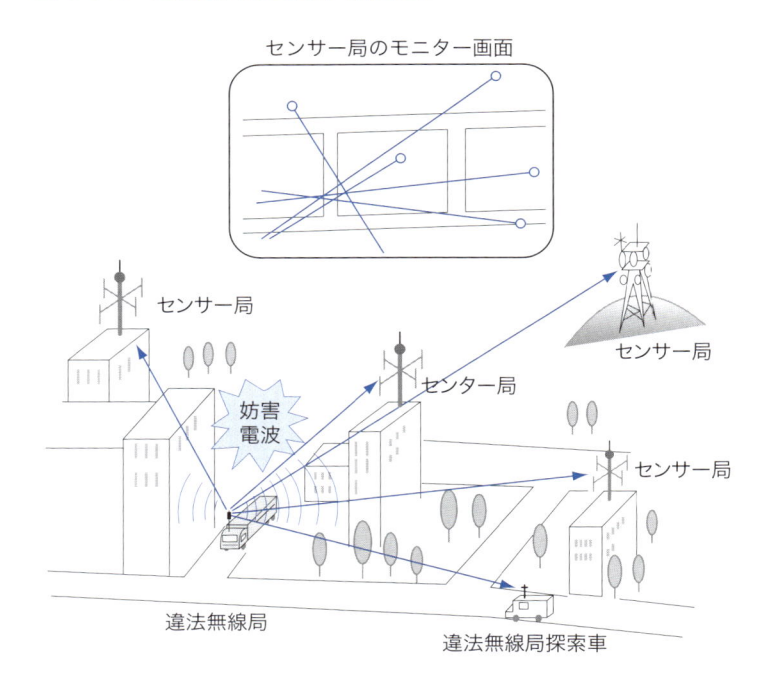

この設備の測定周波数は、短波帯の25MHzからマイクロ波帯の3GHzまでで、広帯域の電波をモニターしています。総合通信局などでは、センサー局を遠隔操作しながら妨害電波を自動監視し、妨害局の位置を推定してセンター局

の画面に表示します。一方、違法無線局探索車は、センターの位置推定の画面を見ながら違法無線局に近づき、電界強度を測定して車両を特定します。

●**小型遠隔方位測定設備（DEURAS-R）**

図 4-6-2 は、都市部のビルの屋上や鉄塔などに設置しているセンサー局のアンテナです。総合通信局内のセンター局と ISDN 回線でつなげ、全国的な規模で電波監視を行う設備です。

図 4-6-2　センサー局のアンテナ

例えば、違法 CB の妨害電波が発生していて混信などの申告があると、センター局から制御情報をセンサー局に送り、違法な妨害電波の到来方向の表示を行います。また、電波監視の設備を搭載した車が出動することもあります。この設備の測定周波数は、25MHz から 2GHz または 3GHz までです。

●**不法無線局探索車（DEURAS-M）**

図 4-6-3 は不法無線局探索車内の装置です。**方向探知処理装置**、遠隔制御装置、通信処理装置、電波の質を測定する測定装置などが搭載されている車両です。この設備の測定周波数は 25MHz から 2GHz までで、センター局

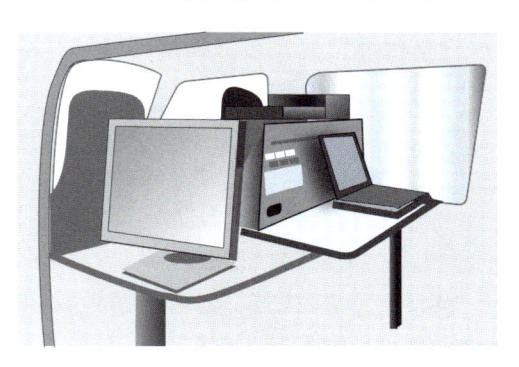

図 4-6-3　不法無線局探索車と車内の装置

と携帯電話回線で結ばれているので、移動しながら違法無線局を見つけます。

●短波監視施設（DEURAS-H）

図4-6-4は**方向探知用アンテナ**です。測定周波数は、中波帯の300kHzから短波帯の30MHzまでで、国際放送や国際通信など、外国からの電波も監視しています。

図4-6-4　方向探知用アンテナ

> **❗ 磁界を検出するアンテナ**
>
> 　SuicaやICOCAなどで使われている、13.56MHzの非接触ICカードは、内部に数回巻きのコイルが入っています。コイルの周りに発生する磁界を使って通信しているので、電波による遠距離の通信で使うアンテナとはしくみが異なります。このようなコイルの全長は、動作周波数の波長に比べて十分短く、空間に分布している磁界を検出するセンサーとしても使えます。
>
> 　しかし、位置センサーとして使われている磁気センサーはコイル方式ではなく、磁界を検出するホール効果を利用したホール素子などが使われています。

4-7 電波の不法な使い方 ＜違法電波＞

●無線局の免許期間

アマチュア無線局の免許は有効期間が5年です。その後も引き続き無線局を開設する場合は、無線局の**再免許申請**が必要です。免許が失効していることを知りながら運用を続けることは電波法に違反する行為ですが、悪質なアマチュア無線局が他者からの申告により調査され、アマチュア無線局への従事停止処分が下されたという事例があります。

●オーバー・パワー（出力違反）

無線局は、電波法や関連の法令で無線局に定められた出力電力以内で運用しなければなりません。上限値を超える運用は違法で、不法に電波を使う不法（違法）無線局として、4-6節の DEURAS システムの監視対象になります。

例えば**アマチュア無線技士**は、表4-7-1の4種類の資格に応じて、**空中線電力**の上限が定められています。

表 4-7-1　アマチュア無線従事者の資格と操作の範囲

資格の種類	操作の範囲
第4級アマチュア無線技士	アマチュア無線局の無線設備で次に掲げるものの操作（モールス符号による通信を除く） 1. 空中線電力 10W 以下の無線設備で 21MHz から 30MHz までまたは 8MHz 以下の周波数の電波を使用するもの 2. 空中線電力 20W 以下の無線設備で 30MHz を超える周波数の電波を使用するもの
第3級	アマチュア無線局の空中線電力 50W 以下の無線設備で 18MHz 以上または 8MHz 以下の周波数の電波を使用するものの操作
第2級	アマチュア無線局の空中線電力 200W 以下の無線設備の操作
第1級	アマチュア無線局の無線設備の操作（制限はないが事実上 1kW 以下）

●周波数の違反

筆者らはアマチュア無線を楽しんでいますが、アマチュア無線用の短波帯で発信地不明の強力な電波を受信することがよくあります。短波帯の電波は、第1章で学んだように電離層に反射されて地球の裏側まで届くので、放送局が使用する周波数は**国際電気通信連合**（ITU）によって国際規約で運営されています。ITUに加盟していない国から、既に使用されている周波数で強力な電波が発射されていますが、一向に改善されていません。

最近は自作の無線機を見かけなくなりましたが、市販の無線機でも、許された周波数から外れて送信できてしまいます。そこで、運用するときには送信周波数をチェックする必要があります。また、故意に周波数範囲を外れたオフバンドで運用する**違法局**（アンカバー局）は電波法違反の**不法局**です。

●スプリアスとは

送信機から放射される電波は、変調などによって図4-7-1に示す必要周波数帯に広がりますが、これよりも外側の周波数で放射がある場合は不要輻射と見なされます。不要な電波放射は**スプリアス**と呼ばれ、電波法でその許容量が厳格に規定されています。

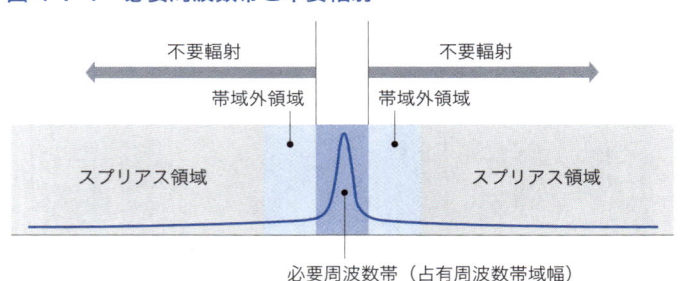

図4-7-1 必要周波数帯と不要輻射

不要輻射　　　　　　不要輻射
帯域外領域　　帯域外領域
スプリアス領域　　　　スプリアス領域
必要周波数帯（占有周波数帯域幅）

●技適機器の改良

技適（4-4節）マークの付いた無線機器を開けて内部の回路を改造すると**技術基準適合証明**が無効になり、そのまま使用することは**電波法違反**になります。出力電力をアップする改良（?）行為も、もちろん電波法違反です。

4-8 電波障害とその対策

●オフィスの電波障害

オフィス内でワイヤレス LAN を使っていると、アクセス・ポイントやパソコンの設置場所、パソコンの向きによって通信が不安定になることがあります。その原因を探るために電磁界シミュレータで電磁界分布を調べたところと、**電波障害**の状況がわかってきました。

図 4-8-1 は、オフィスの一部を 3 次元 CAD で描いたモデルです。部屋の隅にスチール製の棚があり、それぞれの机は背の低いパーティションで仕切られています。部屋全体のモデルでは、2.4GHz の波長約 12cm を 10 等分した粗い離散化でも、パソコンの実メモリを多く使います。高さ 2.1m、3m×3m の空間で、図 4-8-1 では 1GB の使用メモリに収まりました。

図 4-8-1　オフィスの一部（電磁界シミュレーションの CAD モデル）

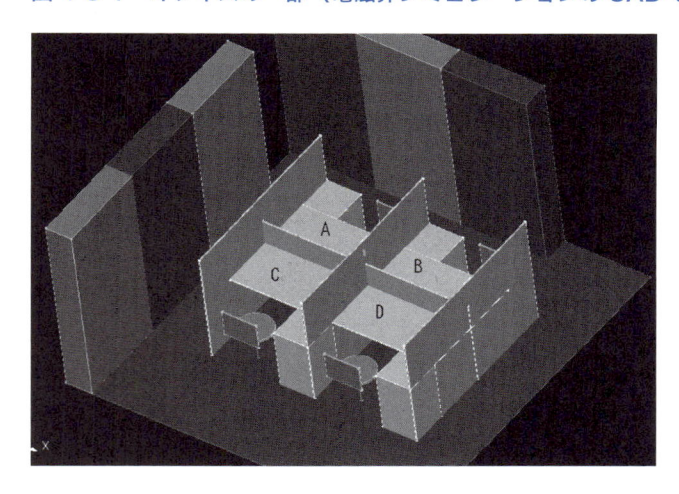

つぎの図 4-8-2 は、机 D の中央 2m 高に垂直ダイポール・アンテナの下端を置いたときの**電界分布**です。机 A から D まで強い電界の分布を示しましたが、それぞれの机のパーティション内には定在波が認められます。最も電界

が弱い所で−25dB程度ですが、**アクセス・ポイント**がさらに離れれば、パソコンのアンテナ位置によっては、受信できなくなるかもしれません。

定在波は、机やパーティションで電波が反射することによって発生するので、これらの面に**電波吸収体**のシートを貼ることによって改善できる場合があります。図4-8-3は、机とパーティションに15dBの吸収効果がある面を想定したモデルのシミュレーション結果ですが、明らかに定在波がなくなって均一の電界分布になっていることがわかります。

図4-8-2 机の上の電界分布

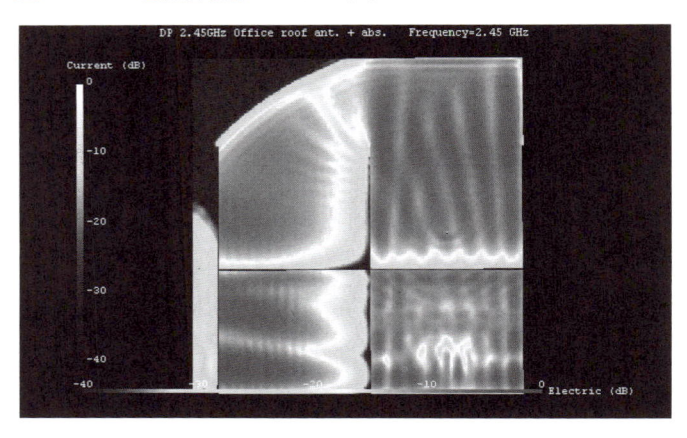

図4-8-3 電波吸収体シートの効果

●定在波による障害

　図4-8-4は、部屋にできる定在波の様子で、左側に電波の波源があります。そこから右側に進む電波が金属壁で反射され、**進行波**と**反射波**が合成されると、図4-8-4のような強度分布で、**定在波**が発生します。

　ここで**磁界**（磁力線）は金属壁に平行で、磁界強度は最大になっています。また**電界**（電気力線）は金属壁に垂直になりますが、金属壁の導体抵抗が極めて小さいときには、表面の電位差はゼロに近く、電界の強度は最小になっています。

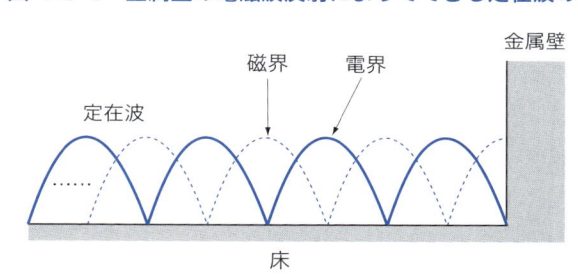

図4-8-4　金属壁の電磁波反射によってできる定在波の分布

　空間にできる定在波は、電界が最小の位置は磁界が最大で、磁界が最小の位置は電界が最大になっています。これは時間が経過しても変わらないので、これらが電磁波ノイズによるものとすれば、電界の強い位置に**ダイポール・アンテナ**のような**電界検出型のアンテナ**[注]として働く回路部分があれば、その動作周波数では最も電磁波ノイズを拾いやすくなります。また電界の弱い位置では、ダイポール・アンテナによる通信は不利になるでしょう。

　微小ループ・アンテナのような磁界検出型のアンテナは、磁界の強い位置と弱い位置で、電界と同じような現象が発生する可能性があります。

注）ダイポール・アンテナは、金属線の両端にプラス極（ポール）とマイナス極の2つ（ダイ）をつくる構造によって電界を検出する。一方、微小ループ・アンテナは、ループを貫通する磁界を検出する。

●マルチパス障害

テレビ放送の電波は、都市部ではビルや鉄柱などで反射して、電波の伝わる経路がいくつもできてしまいます。これを、経路が複数という意味で**マルチパス**ともいい、ゴースト障害はマルチパス障害ともいわれています。マルチパスは、電波が伝わる距離がすこしずつ異なるので、位相の異なる電波が受信されて、合成されると映像が乱れることになるのです。

テレビでは**ゴースト障害**といいますが、データ通信でもオフィスなどでマルチパス障害は発生します。

●電波障害の対策

定在波やマルチパス障害の対策としては、オフィスの壁に反射を防ぐ電波吸収シートを貼ると効果があります。コンクリート壁の中には鉄骨が網目状に入っています。また、天井にはアルミニウム製のフレームや電源の配線もあります。ワイヤレス LAN のアクセス・ポイント（第 2 章 2-7 節）を天井内に隠して設置すると、これらの金属に誘導電流を生じさせて、反射波が発生します。

図 2-7-3 で紹介した薄型の**電波吸収シート**を壁に貼ることによって、これらの電波障害を改善できる場合があります。

空間を移動する電磁波は電磁エネルギーを伝えますから、伝送線路の仲間です。**電波インピーダンス**または**波動インピーダンス**は **377 Ω**ですから、電波吸シートの表面抵抗は、例えばワイヤレス LAN の 2.45GHz で 377 Ω になるように設計されています。

4-9 技適マーク

●無線局機器に関する基準認証制度

電波利用に関する制度の1つである「技術基準適合証明又は工事設計認証」は、携帯電話端末、PHS端末などの小規模な無線局に使用するための無線設備（特定無線設備）について、電波法に定める技術基準に適合していると認められるものである場合、その旨を無線設備1台ごとに証明又は無線設備のタイプ（正確には「工事設計」と呼ぶ）ごとに認証する制度です。

技術基準適合自己確認は、特定無線設備のうち、妨害等を与えるおそれが少ない無線設備（特別特定無線設備）について、電波法に定める技術基準に適合していることを自ら確認する制度です。

図4-9-1　技適マーク

図4-9-1の**技適マーク**が付いた無線機器は、無線局の免許を受けないで使用できます。

●小電力無線局

小電力無線局は、4-4節の微弱無線局に似ていますが、周波数や変調方式、電力などに関する規定があり、無線装置は**技術適合試験**に合格する必要があります。これは「一定の技術基準に適合し、空中線電力が0.01W以下の無線局」の総称で、**コードレス電話の無線局**、**特定小電力無線局**、**小電力セキュリティシステムの無線局**、**5GHz帯無線アクセスシステムの陸上移動局**、**超広帯域無線システムの無線局**などがあります。

●技術適合試験

技術基準適合証明では、（財）テレコム・エンジニアリング・センター（**TELEC**）などで行う試験を受ける必要があり、証明を得たい無線機を持ち込んで技術基準適合試験を受け、証明を取得します。

4-10 無線基地局

●携帯電話の基地局

携帯電話は、電波を相手に届けるために、中継用の基地局とつながります。ビルの屋上や鉄柱の上部などには図4-10-1のような**基地局のアンテナ**がありますが、そこから電波が届く範囲を**ゾーン**と呼んでいます。それぞれの基地局は、連携してゾーンが途切れない範囲で、例えば数キロメートルごとに設置されています。そこで、利用者が移動しているときには、ゾーンが替わると自動的に追跡接続を行って、通話が途切れないようになっています。

PHS（Personal Handyphone System）も同じしくみですが、ゾーンの半径が100～300メートルと、携帯電話に比べて小さくなっています。PHSの基地局アンテナは、何本ものダイポール・アンテナが組み合わさって連携することで、電波の方向（**指向性**という）を切り替えることができます。

図4-10-1　基地局のアンテナ

●携帯電話の現在地を捜すしくみ

携帯電話の電源が入っているときには、一定の周期で基地局と通信して、今どこに携帯電話があるのか、移動通信交換機の中にある**ロケーション・レジスタ**に記録されています。

ロケーション・レジスタは、いくつかのゾーンをまとめたエリアで携帯電話の現在地を記録しています。そこで、一般の電話から携帯に電話がかかると、このエリア内のすべての基地局から呼び出しの電波が発信され、移動先にもスムースにつなげることができるわけです。

4-11 安全なワイヤレスの利用

●家庭内ワイヤレス LAN の環境

筆者は**ワイヤレス・ルーター**を使って**ワイヤレス LAN** の環境を利用しています（3-12 節）。集合住宅なので、パソコンから現在利用できるルーターを表示させると、図 4-11-1 のように複数の機器名が表示されます。

この中には別の家にあるワイヤレス・ルーターが表示されているので、「**セキュリティ**の設定が無効なネットワーク」と表示されているルーターがあれば、そのネットワークは外部から通信の内容を盗聴されたり、アクセス・ポイントとして不正に使用されたりする危険があります。

図 4-11-1　ワイヤレス LAN の接続画面

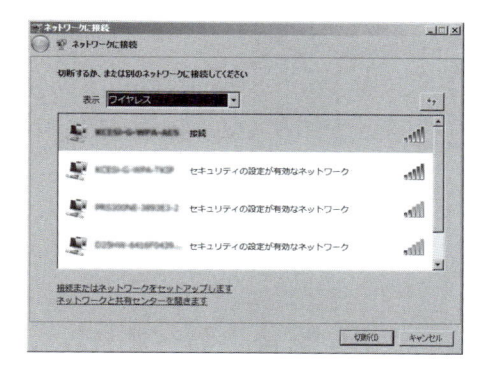

●暗号化によるセキュリティ対策

ワイヤレス LAN を安全に利用するためには、必ず**暗号化**の設定をしてください。暗号化の方式は古くから **WEP** がありますが、この方式は解読する手法が発見されたといわれており、今では安全ではありません。

現在は **WPA-PSK**（Wi-Fi Protected Access Pre-Shared Key）または **WPA2-PSK** と呼ばれる暗号化方式が推奨されており、後者の方式がより強固な暗号化技術です。これは家庭などの小規模なネットワークを想定して、認証サーバを利用せずに **PSK**（**キー**）を設定してパソコンの認証と接続を行います。また、ログインのパスワードの設定は、名前や生年月日などの個人情報から類推できる文字は避け、適切な長さで、英数字を交えた組み合わせを用いてください。

第5章

ワイヤレスの標準

　ワイヤレス・システムは国を越えて利用できるようになり、便利になりました。一方、あらたに開発される通信規格の覇権をかけた競争も激しくなり、ユーザーはとまどうばかりです。
　本章では、めまぐるしく開発されるワイヤレスの世界標準を追います。

5-1 世界標準規格

●世界標準化の戦略

 筆者らは20年前にIT（情報技術）業界で独立しましたが、今ではICT（情報通信技術）にまで成長して、その発展にワイヤレスの技術は欠かせなくなりました。筆者らが開業した1990年代は、パソコンで使えるUNIX OSが普及しましたが、すでに1980年代にはUNIXの**世界標準化戦略**が始まっていたといわれています。

 UNIXが日本に上陸した当時、東京都内のビルの一室ではある組織が人知れず活躍していたのです。このOSの世界標準化は、ちょうど明治維新の象徴のように始まった鉄道のインフラ（社会的基盤）整備になぞらえることができます。明治政府が採用したレール幅はその後も変わることなく使われ続け、日本向け輸出を独占できる基盤として長年にわたって君臨しました。

 発電設備も明治時代に大量に輸入されましたが、現在でも日本を二分している50Hz（ヘルツ）と60Hzの違いが、最初に設置されたドイツ製と米国製の発電機の違いに起因しているのは有名な話です。

●非接触通信の世界標準NFC

 ICカードの特許は、1970年にアリムラ技研の有村国孝社長によって出願されましたが、1990年に基本特許が切れると、国内の各メーカーは本格的に開発を開始しました。その後、**無線ICタグ**（第1章1-15）はゆっくりとした歩みで着実に普及し、ようやく2003年に**NFC**（**短距離無線通信規格**）として世界標準になりました。

 これは、非接触ICカードのFeliCa（ソニー）やMifare（NXP Semiconductors社、当時はPhilips）で使われている**13.56MHz**の電波を用いた通信方式で、**おサイフケータイ**にも使われています。多くのスマホに搭載されることで名実ともに世界標準になりましたが、ずいぶん長い道のりでした。

5-2 通信規格の世代とは

●激しい世代交代

　パソコンのアプリケーション（業務プログラム）はバージョンアップがどんどん進むので、追いつくのがしんどいというユーザも少なくありません。携帯電話もつぎつぎに新しい通信方式が開発されますが、これにはソフトウェアの交換で対応できないので、本体を買い換える必要があります。

　携帯電話は、**通信規格**が変わることを世代交代になぞらえて、つねに「次世代」を開発し続けています。第3章3-17節で述べた携帯電話の変遷に示すように、新たな通信方式は高速化の一途をたどり、**第4世代（4G）**の開発にまで至っています。しかし、モバイル（移動体）通信は、なぜそれほどまで高速にデータを送る必要があるのでしょうか？

　要因の一つとしては、ケータイやスマホが通話だけでなくインターネットのWebや動画を見るためにも使われるようになったことがあげられます。また、第3章3-11節で述べた3GワイヤレスWANのように、企業の業務で第3世代の携帯電話網を活用したいというニーズがあることも後押ししているかもしれません。

●第1、第2世代の移動体通信

　第1世代の移動通信システムは、初めて**アナログ方式**の携帯電話に採用され、日本では2000年にサービスを終了しています。

　GSM（Global System for Mobile Communications）はそのつぎの**第2世代**で、欧州やアジアを中心に全世界で利用されているワイヤレス通信方式です。これはデジタル携帯電話の事実上の世界標準といえますが、日本や韓国ではGSMを採用していないので、米国の友人が来日した際に、当時発売されたばかりのiPhoneが使えないとガッカリしていました。

　GSMの携帯電話は、初めて**SIMカード**を採用しました。これは携帯電話の識別用番号を記憶しているICカードで、これを差し替えれば、別の携帯

電話でも同じ電話番号が使えるようになります。ICには加入者の情報が記憶されているので買い換えが容易になり、海外ではSIMカードを差し替えるだけで使えるようになります。

　日本のSIMカードは、つぎに述べる第3世代の移動体通信システムで採用されていますが、携帯電話事業者が自社のみのSIMカードしか使えないようにした**SIMロック**と呼ばれる機能を付けた携帯電話機を販売していました。しかし、2010年には総務省がSIMロックの解除が合意されたことを発表し、解除された機種が2011年から発売されるようになりました。

　GSMで使用される周波数帯は850MHz帯、1900MHz帯（米国など）、900MHz帯、1800MHz帯（欧州・アジアなど）の4つで、携帯電話機には複数のアンテナが内蔵されています。世界中どこでも使えるようにするためには、全ての周波数帯に対応したアンテナ（図5-2-1）が必要で、これを**クワッドバンド**（Quad-band）機と呼んでいます。かつて筆者らもドイツから注文があったアンテナの設計を経験しましたが、4バンドの小型・内蔵化には時間がかかりました。

図5-2-1　4バンドGSM内蔵アンテナの例
（Jiaxing Bygain Electrical Machinery社）

●第3世代の移動体通信

　W-CDMAは、GSMの次世代版に位置づけられる規格ですが、日本のNTTドコモ、欧州のノキア（Nokia）やエリクソン（Ericsson）が開発してITU（国際電気通信連合）に日欧の**第3世代**標準案として提出されました。

　W-CDMAは、第3章3-17節で述べた**CDMA**（Code Division Multiple Access：符号分割多重接続）方式を用いて、1つの周波数を使って複数の発信者の信号にそれぞれ異なる符号を乗せて送ります。受信側は相手の符号を合成信号に乗せることで、相手の信号を取り出すことができます。

HSDPA（High Speed Downlink Packet Access）は W-CDMA の高速データ通信規格ですが、その後さらに高速化されて、**HSPA＋**（High Speed Packet Access Plus）という方式が規定されました。

HSPA＋は、データの送受信に複数のアンテナを使用する **MIMO**（マイモ）という技術を採用しており、MIMO は送信と受信のアンテナが共に複数のアレー・アンテナの構成になっています（図 5-2-2）。ここでアレー・アンテナとは、複数のアンテナを平面状に配列した構造で、電力を合成して放射したり、電波の位相差を付けることで、合成した指向性を制御できるアンテナです。

図 5-2-2　MIMO の試作アンテナの例

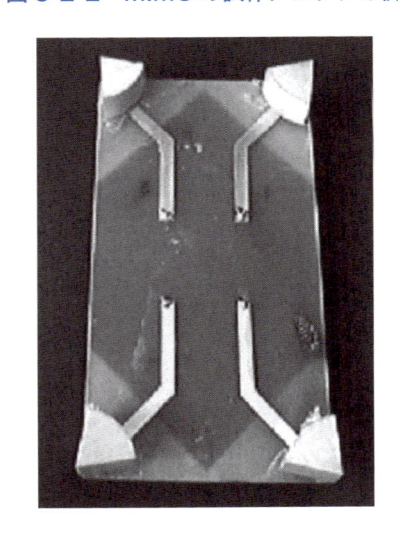

例えば 2 つのアンテナ同士の通信では、それぞれのアンテナから異なるデータを同時に送信して受信時に合成するので、帯域幅が 2 倍になったのと同じ効果があり、単位時間あたりの実効的なデータ転送量である**スループット**も向上します。

HSPA＋の受信側は **64QAM 変調方式**、送信側は **16QAM 変調方式**（第 3 章 3-17 節）を利用して、最適な変調方式や転送速度を選ぶことで高速化を実現しているのです。

さて、もう 1 つの第 3 世代の通信規格に **CDMA2000** があります。これは米国のクアルコム（Qualcomm）が開発した方式で、米国や韓国でも使われており、日本では KDDI グループが採用しています。

当初は CDMA 1X という名称でスタートした CDMA2000 1x ですが、ここで 1x とは 1.25MHz の搬送波（第 2 章 2-1 節）を 1 つ使っていることを意味します。規格としては搬送波を 3 つ使う CDMA2000 3x がありますが、通信帯域が 3 倍になるため、商用化はされていません。

ところで、筆者が愛用してきた CDMA 1X の機種が、800MHz 帯の周波数再編に伴って 2012 年 7 月までに使えなくなり、機種変更をせざるを得な

くなりました。移動中のデータ通信はノート PC ＋モバイル WiFi ルーター（第 3 章 3-18 節）なので、携帯電話は通話さえできれば十分です。

　利用できなくなるのは理不尽ですが、そもそもの理由は、総務省が 2003 年 10 月に公表した「周波数の再編方針」に従うとのこと。周波数の不足や再編には、この先も付き合わなければならないようです。

●第 3.5 世代の移動体通信

　CDMA 2000 1xEV-DO という規格は、第 3.5 世代の通信規格と呼ばれています。**EV-DO**（Evolution Data Only）は、クアルコム社が 1997 年に開発を始めた **HDR**（High Data Rate）が基になっていますが、HDR はそれまで通話を重視した音声データの扱いを見直し、インターネットで扱うパケットデータの通信に特化することで通信速度を高めています。DO（Data Only）とは、音声データを特別扱いしないという意味も込められていると思います。

　規格としては、第 3 世代の CDMA2000 1x を改良した技術という評価なので、**第 3.5 世代**という位置づけになっているのでしょう。

●第 3.9 世代の移動体通信

　LTE（Long Term Evolution）は、第 3 世代 W-CDMA のつぎの規格で、W-CDMA の国際標準化団体 3GPP で標準化が進められている第 3.9 世代の移動体通信規格です。**第 3.9 世代**とは、**第 4 世代**直前という意味が込められた名称です。

　NTT ドコモは、当初 **Super3G** という名称で提唱し、その後 3GPP では LTE として仕様の標準化作業が進みました。この時点で、規格は携帯電話というよりも、インターネットの Web 接続や大量のデータをやりとりするデータ通信の高速化に主眼が置かれるようになりました。**Xi**（**クロッシィ**）は、NTT ドコモの LTE サービスに付けられたブランド名で、受信時の最大伝送速度は 37.5Mbps（一部屋内エリアで 75Mbps）です（2011 年）。

　クアルコム社は、対抗馬として **UMB**（Ultra Mobile Broadband）を開発していましたが、LTE の標準化作業の進行状況から、2008 年に UMB の商用化を断念したという経緯があります。このため、第 3.9 世代は LTE が

世界標準の規格として採用が進んでいます。

　LTEは、使用する周波数幅が20MHzと広いので、第3.5世代に比べて単位時間あたりに伝送する情報量が増えています。基地局から携帯端末方向への伝送を「**下り**」と呼んでいますが、この伝送速度は最大で300Mbps（メガビット/秒）です。また、端末から基地局への「**上り**」も最大75Mbpsで、第3.5世代の伝送速度の2桁アップになっています。

　周波数幅は、20MHzの他に5MHz、10MHz、15MHzがあり、またそれぞれにカテゴリと呼ばれている分類があります。最大伝送速度は、カテゴリに対して決められており、300Mbpsは周波数幅20MHzのカテゴリ5で定められています。このようにLTEでは、「上り」と「下り」は異なる周波数が使われますが、この方式を**FDD**（Frequency Division Duplex）と呼んでいます。

　またもう一つの方式として、「上り」と「下り」の周波数は同じで、時間によってそれぞれを交替する**TDD**（Time Division Duplex）があります。既に中国では、**TD-SCDMA**（Time Division Synchronous Code Division Multiple Access）方式が使われていますが、第3.9世代では、これが進んだ方式と位置づけられ、**TD-LTE**と呼ばれています。

　これまでの世代交代は短期間のうちに進み、前世代の改良といった変化で、ユーザも振り回されている感が否めません。そこで、LTEはこれまでのマイナーチェンジ（手直し）的な世代交代ではない、長期的（Long Term）な変革を込めた通信規格として、第4世代に限りなく近いとされています。

●第4世代の移動体通信

　ITU（国際電気通信連合）が2012年に勧告承認を目指しているのが**第4世代**の移動体通信です。LTEの先を意味する**LTE-Advanced**と、WiMAXの先を意味する**WiMAX2**で、50Mbpsから1G（ギガ＝109）bps台の通信速度を実現し、無線LANやWiMAX、Bluetoothなどともつなげて、それらを統合した運用ができるようにも設計されています。

　しかし、大量のデータを高速に伝送するということは、一般には図5-2-3に示すように、周波数を高くして広い帯域幅を確保する必要があります。こ

のため数 GHz の周波数を使用すると、都市部ではビルの陰に隠れた場所に電波が届きづらいという問題が生じます。そこで、単一の周波数ではなく、電波が伝搬する状況によっては、より低い周波数と併用する方式も考えられているようです。

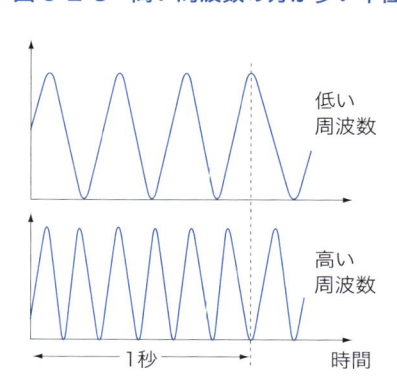

図 5-2-3　高い周波数の方が多い単位時間あたりの情報量

> ### ❗ 小型・内蔵アンテナのむずかしさ
>
> 　2G の携帯電話では、本体から引き出すホイップ・アンテナがついていました。実は、もう 1 つ内蔵のサブ・アンテナがあったのですが、3G ではホイップ・アンテナはなくなりました。
> 　一般にアンテナは、小型にして内蔵すると性能が低下します。それはエレメントをジグザグに曲げると電流の向きが交互に並ぶため、電磁界のキャンセルが起きるからです。また、樹脂のケースは電気エネルギーに対して損失として働き、電力の一部を奪います。アンテナは、空間に突き出た昔のホイップ・アンテナが理想的なのですが…。

5-3 無線通信の国際標準

● LAN の世界標準化

　鉄道や電力などのインフラは、ひとたび普及してしまうとよほどのことがないかぎり定着してしまいます。UNIX は米国の企業が世界に向けて輸出できる環境を作り上げるという世界標準化の戦略でしたが、この UNIX で使われていたイーサネットや TCP/IP といった技術は、そのままインターネットを実現するインフラとして、現在も発展を続けています（第 1 章 1-14）。

　オフィスなどで使われる LAN は、これらの技術を中核として普及しましたが、当初は図 5-3-1 に示す同軸ケーブルに信号を乗せる有線方式でした。

図 5-3-1　初期のイーサネット LAN で使われた同軸ケーブルの例（10BASE5）

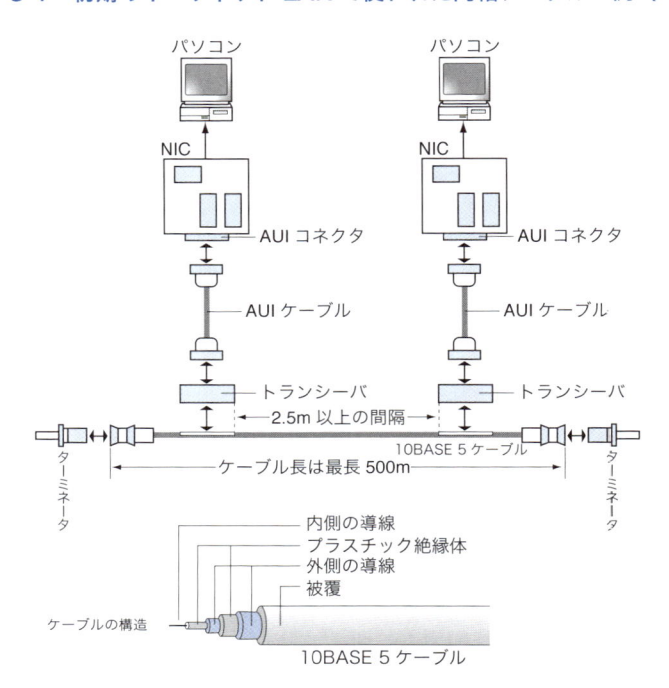

イーサネット（Ethernet）は、世界中で最も普及しているネットワークの規格で、これに基づく装置を持ったパソコンは、イーサネット・ケーブルでつなげると簡単にLANを構成することができます。有線LANの初期には、通信の規約であるプロトコルが何種類か乱立していましたが、インターネットやイントラネット[注1]で**TCP/IP**が使われることで、事実上の国際標準として普及しました。

　ワイヤレスLANは、このイーサネットに基づくネットワークを無線で実現するために生まれた技術です。**IEEE**（Institute of Electrical and Electronics）は、米国の電気電子技術者協会で、電子通信分野の標準規格を策定しています。

　ワイヤレスLANの規格には、表5-3-1に示すIEEE 802.11シリーズがありますが、いまではワイヤレスLANや無線LANといえば、この規格を指すほど普及しています。

表5-3-1　主なIEEE 802.11シリーズの規格

規格名	変調方式	周波数	速度
IEEE 802.11	DS-SS[注2]	2.4GHz帯	2Mbps
IEEE 802.11b	DSSS/CCK[注3]	2.4GHz帯	11Mbps
IEEE 802.11a	OFDM[注4]	5GHz帯	54Mbps
IEEE 802.11g	OFDM	2.4GHz帯	54Mbps
IEEE 802.11n	OFDM	2.4GHz帯/5GHz帯	600Mbps

● WiMAX

　WiMAX（ワイマックス）（Worldwide Interoperability for Microwave

注1）イントラネットは、インターネットの技術を使った企業内のネットワーク。
注2）DS-SS（Direct Sequence Spread Spectrum：直接拡散方式）は、スペクトル拡散方式（第3章3-3）の1つ。信号を小電力で広い帯域に分散して同時に送信する方式。
注3）CCK（Complementary Code Keying）は、8ビットを1単位とするコンプリメンタリ・コードを拡散変調する。
注4）OFDM（Orthogonal Frequency Division Multiplex：直交周波数分割多重）は、送信データを複数のサブ・キャリア（搬送波）に分けて伝送する方式。

Access）は、**光ファイバー**や **ADSL** などの高速通信網が敷設されていない地域の通信をカバーすることをめざして開発されましたが、**IEEE 802.16e** では移動体端末向けの規格として承認されました。

　これは Mobile（モバイル）WiMAX とも呼ばれていますが、高速で移動中の端末からアクセス（情報操作）できる仕様になっています。規格上の最大伝送速度は 75Mbps ですが、例えば UQ コミュニケーションズの UQ WiMAX では、下りの最大伝送速度を 40Mbps、上りを 10Mbps としています。

　複数のアンテナを使用する MIMO を採用し、変調方式は上り・下りとも **OFDM**（Orthogonal Frequency Division Multiplex：直交周波数分割多重）です。Orthogonal は直交と訳されますが、これは 2 本の直線が 90 度で交わる直交という意味ではありません。ここでは、1 つの量が別の量とは無関係に決まる、つまり相関関係がないことを「直交している」といいます。

　図 5-3-2 は、**16QAM** 変調（第 3 章 3-17）のビットデータを正弦波に変換して、複数のサブ・チャネルに分割した OFDM 信号を示しています。中央の図では一部が重なり合っているように見えますが、右の図に示すように周波数変調されたサブ・キャリア（搬送波）の各チャネル同士は、互いに直交しているので、それぞれが干渉することはありません。

図 5-3-2　OFDM のしくみ　「直交」とは

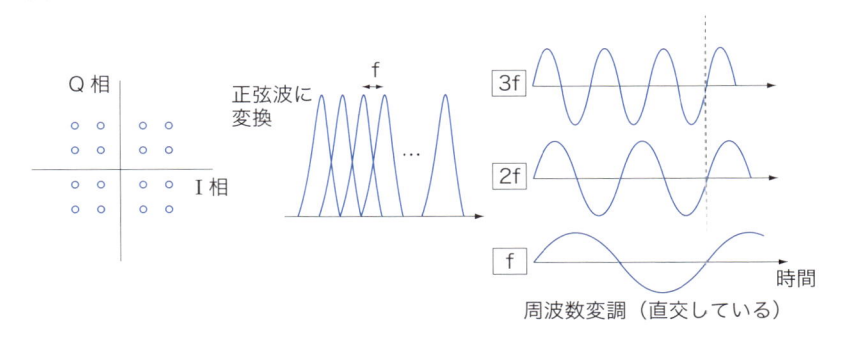

OFDM は、前項の IEEE 802.11a/g や、身近なところでは地デジや、電力線を使って通信を行う PLC（電力線搬送通信）にも使われている技術なのです。

● ZigBee

ZigBeeは、低消費電力で近距離の通信を想定した無線通信の国際標準規格で、**ZigBee Alliance**が仕様を策定し、電気的な仕様は**IEEE 802.15.4**として規格化されています（第3章3-19）。

802.15.4は**WPAN**（Wireless Personal Area Network）と呼ばれる短距離無線ネットワークの規格ですが、IEEE 802.15.4gは、**スマートグリッド**を実現するための標準化規格です。

スマートグリッドは、コンピュータやマイコンなどの電子機器で電力の需給をきめ細かくコントロールすることで、省エネや電力コストの削減、電力の安定供給などをめざす次世代送電網です。

世界各国で進められていますが、図5-3-3はスマートグリッド展2011で発表された基本モデルです。展示の説明によれば、「基本モデル」とは図に示す「供給」「需要」「貯蔵」という3つの側面を、ITを活用したエネルギーマネジメントシステム（EMS）により制御し、エネルギーの需給をバランスさせるという構成です。

図5-3-3　スマートグリッドの中核となる基本モデル（日立グループの発表による）

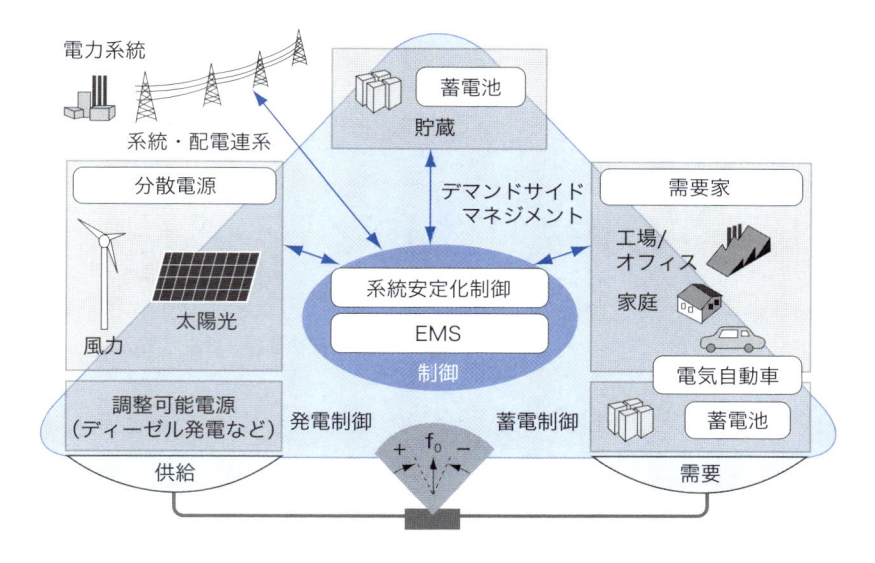

IEEE 802.15.4g では SUN（Smart Utility Networks）という名称で標準化が審議されています。SUN は、広範囲で多様なネットワークを組む必要のあるスマートグリッドのような大規模システムを進めるための世界標準をめざしています。

802.15.4g は ZigBee の低消費電力・近距離通信がベースなので、身近な具体例としては電気や水道、ガスといったインフラの自動計測装置に応用されることが考えられます。

● Bluetooth

Bluetooth は、1994 年にエリクソン社が開発を開始し、その後各国の企業が参加して設立された **Bluetooth SIG** が中心になって標準化を進めました。2002 年に **IEEE 802.15.1** として採択され、その後日本でもゆっくりと普及しており、第 3 章 3-8 節で述べたように、ワイヤレスヘッドフォンや携帯電話のハンズフリー通話、ワイヤレスマウスなどでも使われています。

Bluetooth LE（Low Energy）は、低電力で稼動する Bluetooth の新しい規格で、**BLE** とも呼ばれています。使用周波数は、従来の Bluetooth と同じ 2.4GHz 帯で、免許不要の小電力無線です。電源には CR2032 などのコイン形リチウム電池やボタン電池などを使用できる設計です。

カシオ計算機は、Bluetooth LE に対応した G-SHOCK を開発していますが、これはスマートフォンから時刻情報を得たり、電話やメールの着信を G-SHOCK で知らせるなど、おもしろいアプリが考えられます。

通信はわずかな時間だけ接続して、すぐにスリープモード（節電状態）に入ることで省電力化を図り、コイン電池やボタン電池で数ヶ月から数年間と、長期間稼動するようになっています。

5-4 無線通信のプロトコル

●通信プロトコル

通信プロトコルとは、有線あるいは無線ネットワークにおける通信規約で、通信の細かい手順を定めています。TCP/IPは、インターネットやイントラネットで使われている代表的なプロトコルですが、図5-4-1に示すように階層構造で設計されています。

筆者らがコンピュータ・ネットワークの仕事を始めた1980年代は、コンピュータ同士の接続に各メーカーで標準化された通信方式を用いていました。しかし他社のコンピュータと接続するときには、一つの方式に合わせる必要があるので、ユーザ側からの強い要望もあって、通信プロトコルの世界標準化が求められるようになりました。

表5-4-1の左半分の階層は、OSI参照モデルと呼ばれ、7つの階層を持っています。

これは国際標準化機構（**ISO**：International Organization for Standardization）がすすめた**OSI**（Open Systems Interconnection：開放型システム間相互接続）基本参照モデルですが、これによりコンピュータ・ネットワークのプロトコ

表5-4-1　プロトコルの階層モデル

OSI参照モデル	TCP/IP階層モデル
アプリケーション層	アプリケーション層
プレゼンテーション層	
セッション層	
トランスポート層	トランスポート層
ネットワーク層	インターネット層
データリンク層	ネットワーク
物理層	インタフェース層

ルを階層構造で設計するという流れができました。しかし、実際の作業になると細かい問題がなかなか解決できず、結局のところ当時多くのメーカーで使われていたTCP/IPが、事実上の世界標準として残ったといえるでしょう。

TCP（Transmission Control Protocol：伝送制御プロトコル）は、**OSI**参照モデルのトランスポート層にあたります。また**IP**（Internet Protocol：インターネット・プロトコル）は、OSI参照モデルのネットワーク層に対応

しています。

●ネットワーク・アーキテクチャとは

コンピュータを提供するベンダー側では、ネットワークを構成する機器は全て自社製が理想的です。しかし、初期には自社内の製品でも簡単につながらないことがあり、図5-4-1に示すような**ネットワーク・アーキテクチャ**という考えが生まれました。

これは図に示すように、それぞれのネットワーク機器を何階層かの構造にきちんと整理して、それぞれの層間でやりとりするためのプロトコルを標準化するというアイデアです。

図5-4-1　ネットワーク・アーキテクチャの考え方

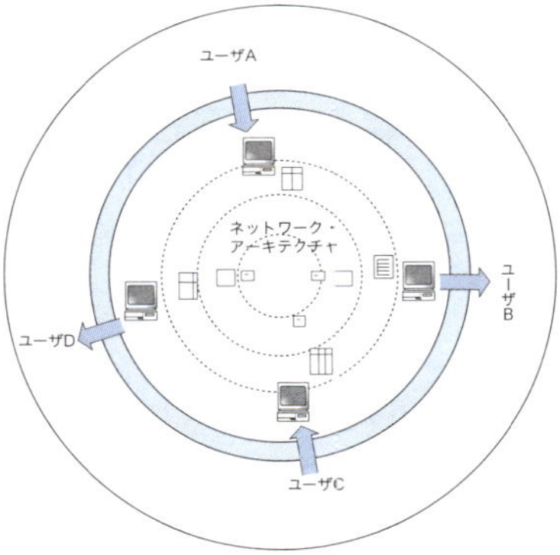

図5-4-2はOSI参照モデルとパケットデータの対応を示しています。ユーザは、例えばワープロの文書データだけを意識すればよく、通信するために必要なアドレスやエラーチェック情報などが、各階層で自動的に付加されていることがわかるでしょう。

●無線通信を受け持つ物理層

TCP/IPは、LANやインターネットの世界標準になったことで、トランスポート層とネットワーク層のプロトコルという本来の意味だけでなく、ネットワークの通信規約全体を指すようになりました。

階層モデルの各層は、具体的には通信のプログラムに対応しています。図5-4-3は、それぞれのプログラムが実行する処理を層に分けて描いていますが、最下層の**物理処理層**では、有線の通信路（伝送路ともいう）に電気信号が流れています。この層のプログラムは、物理レベルのプロトコルを扱いますが、ここで「物理」とは学科のことではなく、コンピュータの世界でよく使われる用語で、「実体（ハードウェア）」を意味しています。

図 5-4-2　OSI 参照モデルとパケットデータの対応

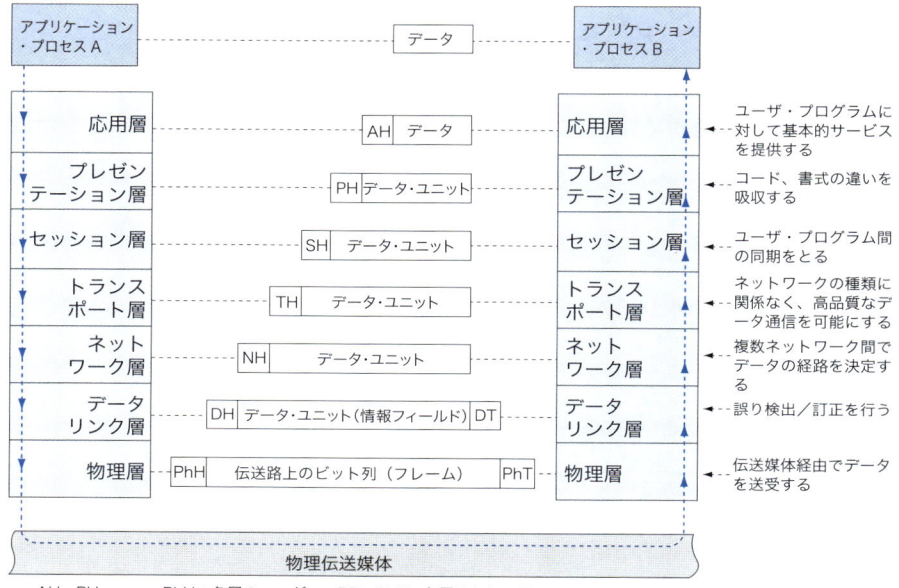

応用層	ユーザ・プログラムに対して基本的サービスを提供する
プレゼンテーション層	コード、書式の違いを吸収する
セッション層	ユーザ・プログラム間の同期をとる
トランスポート層	ネットワークの種類に関係なく、高品質なデータ通信を可能にする
ネットワーク層	複数ネットワーク間でデータの経路を決定する
データリンク層	誤り検出／訂正を行う
物理層	伝送媒体経由でデータを送受する

アプリケーション・プロセス A ～ アプリケーション・プロセス B（データ）

- 応用層：AH データ
- プレゼンテーション層：PH データ・ユニット
- セッション層：SH データ・ユニット
- トランスポート層：TH データ・ユニット
- ネットワーク層：NH データ・ユニット
- データリンク層：DH データ・ユニット（情報フィールド）DT
- 物理層：PhH 伝送路上のビット列（フレーム）PhT
- 物理伝送媒体

AH、PH、……、PhH；各層のヘッダ　　DT、PhT；各層のトレーラ

図 5-4-3　各層とそのプロトコルを実現する処理（プログラム）

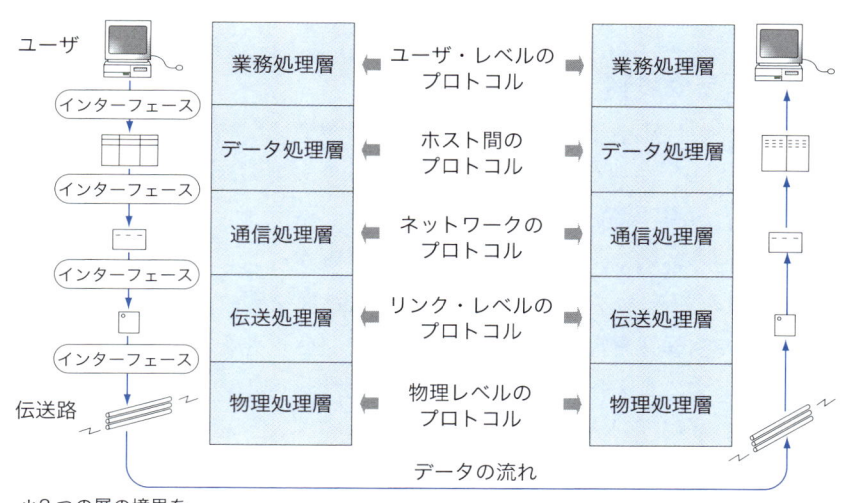

ユーザ側	プロトコル	相手側
業務処理層	ユーザ・レベルのプロトコル	業務処理層
データ処理層	ホスト間のプロトコル	データ処理層
通信処理層	ネットワークのプロトコル	通信処理層
伝送処理層	リンク・レベルのプロトコル	伝送処理層
物理処理層	物理レベルのプロトコル	物理処理層

（インターフェース）
伝送路
データの流れ

＊2つの層の境界をインターフェースという

さて、図5-4-3で無線通信を行うためには、伝送路（電線）を「空間という見えない伝送路」に置き換えればよいことがわかります。他の層の処理はそのままでよいので、階層モデルを採用したメリットが得られている好例ともいえます。

実際にワイヤレスLANを導入した読者は、ワイヤレス・ルーターに付属の物理処理層用のプログラムをインストールしただけで、無線通信ができるようになったことを覚えているでしょう。

● CSMA/CA とは

CSMA/CA（Carrier Sense Multiple Access/Collision Avoidance）は搬送波感知多重アクセス／衝突回避方式と訳され、5-3節で述べたワイヤレスLANの国際標準規格 **IEEE802.11a** や **IEEE802.11b**、**IEEE802.11g** において、基本的な通信プロトコルとして使われています。有線LANの **CSMA/CD**（Carrier Sense Multiple Access/Collision Detection）では、送信中に信号の衝突（collision）を検出し、もし検出したら即座に通信を中止し待ち時間を挿入します。これに対し、ワイヤレスLANのCSMA/CAは、送信の前に待ち時間を毎回挿入する点が異なりますが、おおまかな手順はつぎのようになります。

①キャリア（搬送波）センス（感知）
　　パソコンは、通信を開始する前に受信して、現在通信をしている機器（パソコンなど）が他にあるかを確認する。
②アクセス（情報操作）
　　①を実行したパソコンは、他の機器が通信をしていなければ、自分の通信を開始する。
③衝突回避
　　①の段階で通信中の機器がある場合は、通信終了と同時に送信すると衝突する可能性が高いので、自分が送信を開始する前に、乱数発生によりランダムな長さの待ち時間をとる（図5-4-4）。

このように無線通信は、有線通信で行っている衝突検出と同じような手段

が使えない伝送路（空間）なので、CSMA/CA のようなプロトコルが使用されているのです。

図 5-4-4　CSMA/CA の動作手順

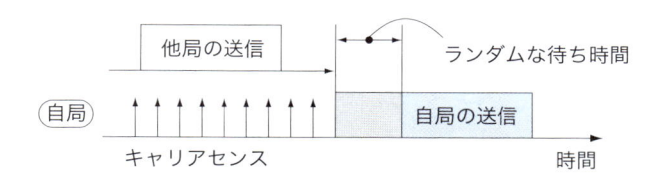

> **!** **技術革新の速度**
>
> 　ロンドン郊外には 18 世紀に建てた石造りの民家が残っていますが、煙突だけでなく壁全体が黒くすすけています。これは産業革命で盛んに使われた石炭動力が出すばい煙の名残と聞きましたが、蒸気機関は 200 年以上経った今も、発電機としてりっぱに使われています。
>
> 　電波の発見は 19 世紀末ですが、人間が電波をコントロールする技術は、わずか 100 年あまりで革新的な発展をとげています。目に見える蒸気よりも、見えない電波を扱う技術の方が圧倒的な速さで進化するのは不思議な気がしませんか。

5-5 様々な無線規格

● WiMAX の規格

WiMAX は、当初ワイヤレス WAN よりも近距離の通信で、固定局のアクセスをカバーするために開発されましたが、その後移動体通信のニーズが高まったため、前項で述べた Mobile（モバイル）WiMAX の標準化規格が策定されました。

図 5-5-1 は WiMAX で構成されるネットワークを示しています。左半分がユーザですが、使用する端末はパソコンや PDA（携帯端末）、ケータイ、スマホなどさまざまです。これらは基地局と通信し、**NSP**（ネットワーク・サービス・プロバイダ）の **ASN**（アクセス・サービス・ネットワーク）のゲートウェイ（中継装置）を介して、それぞれのサービスにつながります。

図 5-5-1　WiMAX で構成されるネットワーク

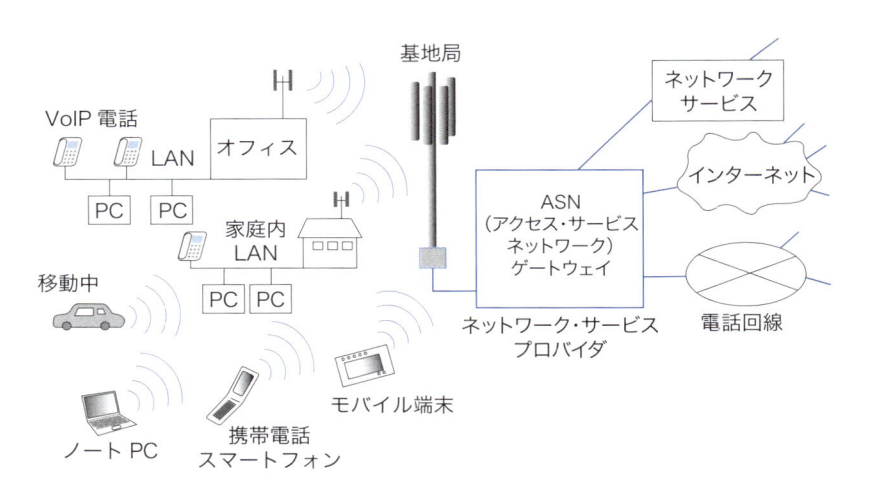

NSP は各種のサービスを行いますが、ゲートウェイを始めとする技術は、すべてインターネット・プロトコルが使われています。

日本で割り当てられた周波数は 2.5GHz ですが、海外ではその国の電波法に応じて、運用の周波数が異なり、基地局の出力電力も国によって異なります。従って、IEEE 802.11 シリーズのワイヤレス LAN 機器のようにはつながらず、プロバイダ専用のユーザ端末が必要になります。

● ZigBee の規格

　ZigBee は、図 5-5-2 に示すネットワーク層以上を規定した無線通信プロトコルで、比較的短い距離の通信を想定しています。**物理層**と **MAC**（Media Access Control）**層**は、IEEE802.15.4 に準拠しています。データリンク層は、図 5-5-2 に示すように、MAC 副層と **LLC**（Logical Link Control）副層に分けられており、MAC 層は物理リンクを受け持ちます。

図 5-5-2　OSI 参照モデルにおける MAC 層の位置づけ

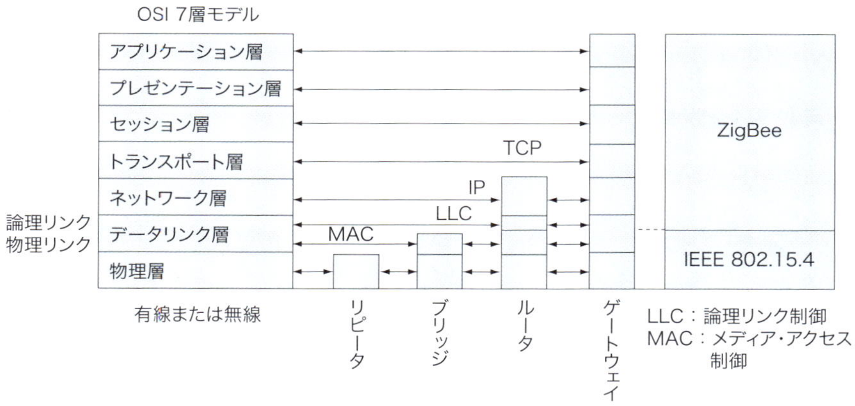

OSI 7層モデル		ZigBee
アプリケーション層		ZigBee
プレゼンテーション層		
セッション層		
トランスポート層	TCP	
ネットワーク層	IP	
データリンク層	LLC / MAC	IEEE 802.15.4
物理層		

有線または無線　リピータ　ブリッジ　ルータ　ゲートウェイ

LLC：論理リンク制御
MAC：メディア・アクセス制御

　ZigBee システムを開発するために、高周波送受信用のトランシーバやマイコン、プログラム用のメモリなどが搭載された SoC（システム・オン・チップ）が販売されています。開発ツール・キットも用意されており、プログラム開発言語の C コンパイラに付属 ZigBee のプロトコル・スタック（プログラム部品）を使って組み込みます。

●ワイヤレス USB と UWB

ワイヤレス USB は、パソコンと周辺機器を有線で接続する USB（Universal Serial Bus）を無線化する技術です。

物理層で使われる無線技術はいくつかありますが、USB の規格団体である USB IF（Implemental Forum）が定めた Certified Wireless USB では、第 3 章 3-4 節で述べた **UWB**（Ultra Wide Band）を利用しています。

UWB は、キャリア（搬送波）変調を使わない、変わった通信方式です。これは、1、0 の情報を単純なパルス波で送信するという方式です。例えばパルス幅が 300ps（ピコ秒）や 600ps の場合は、図 5-5-3 のような超広帯域の周波数スペクトルを持つので、この電波（パルス波）を送受信するアンテナも超広帯域に対応する必要があります。

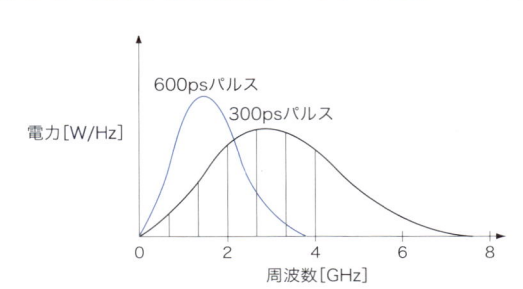

図 5-5-3　超広帯域の周波数スペクトルを持つパルス波

アメリカでは **FCC**（Federal Communications Commission：連邦通信委員会）が、3.1GHz から 10.6GHz という超広帯域の使用を許可しています。しかし、この周波数は他の用途にも使われているので、電波の出力は低く抑えられています。また日本では、3.4GHz から 4.8GHz と、7.25GHz から 10.25GHz が許可されています。

プログラムとして組み込まれるプロトコル・スタックは、有線の USB と同じものが使われるので、パソコンと周辺機器が「線のない USB」でつながっているということになるわけです（図 5-5-4）。

図 5-5-4　ワイヤレス USB のプロトコル・スタック

```
┌─────────────┬─────────────┬─────────────┐  ┐
│ 上位ドライバ │ 上位ドライバ │ 上位ドライバ │  │
├─────────────┴─────────────┴─────────────┤  │ プロトコル
│         USB ホストドライバ                │  │ スタック
│                                           │  │
└───────────────────────────────────────────┘  ┘
┌─────────────┬─────────────┬─────────────┐  ┐
│ デバイスドライバ │ デバイスドライバ │ デバイスドライバ │  │ 各種
├─────────────┼─────────────┼─────────────┤  │ ハードウェア
│ ハードウェア │ ハードウェア │ ハードウェア │  │
└─────────────┴─────────────┴─────────────┘  ┘
```

● RFID システム

RFID（Radio Frequency Identifier）は、近距離の非接触通信で電子回路（IC）に情報を読み書きするものの総称です。第 2 章 2-4 節で述べた無線 **IC タグ**は、**RFID タグ**とも呼ばれています。RFID の通信方式は、図 5-5-5 に示す**電磁誘導方式**と図 5-5-6 に示す**電波方式**の 2 種類があります。

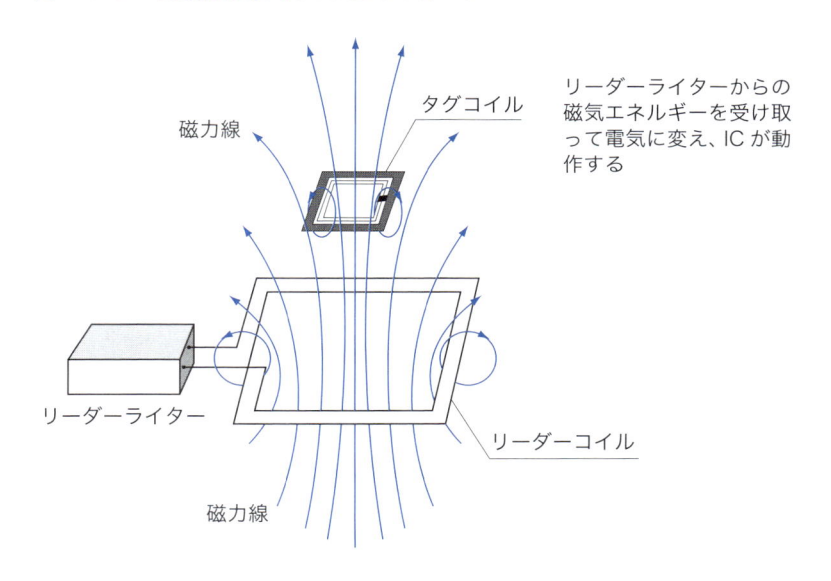

図 5-5-5　電磁誘導方式の RFID システム

図 5-5-6　電波方式の RFID システム

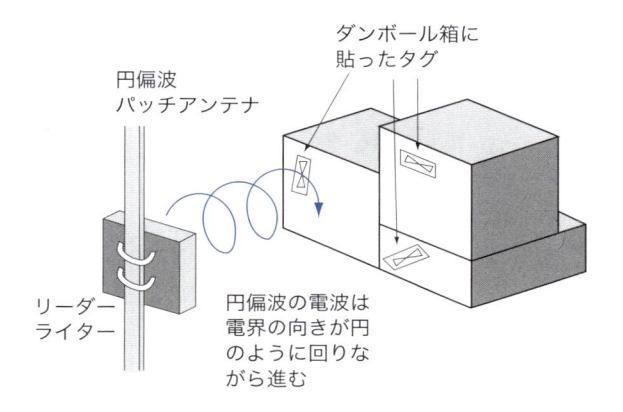

　タグ（tag）は荷札を意味しますが、電磁誘導方式では主に鉄道やバスの電子乗車券、電子マネー、社員証などに使われています。また電波方式は通信距離が数 m と比較的遠方まで届くので、図 5-5-6 に示すように、流通業で荷物や部品などの個別管理にも使われています。

・電磁誘導方式

　使用周波数は 135kHz や 13.56MHz などの低い周波数で、タグは、**リーダ・ライタ**（以下 R/W）で発生する磁界をタグのコイルの中に通して、**ファラデーの電磁誘導**（第 1 章）によって起電力を発生させ、タグの IC を動かしています。磁力線が強いコイルの近くだけで動作するので、例えば駅の改札で隣が誤って動作してしまうことはありません。

　図 5-5-7 は、左側がタグのコイルで受信した電磁波の強さを示しています。IC はこの電磁波を整流（交流を直流に変換）して、IC を動作させるために必要な電圧を得ます（右上の図）。また、IC 内部のダイオードで、変調波からもとの信号を取り出す検波という処理を行い、1、0 の情報を得ています（右下の図）。

　つぎにタグの IC は、R/W に対して応答信号を送りますが、このとき受信の場合とは逆に、タグが送信する電磁波を R/W が検波する方式と、R/W 側から見たインピーダンス（電圧 / 電流）の変化で 1、0 情報を得る方式があります。

図 5-5-7　受信した電磁波から電圧と信号（情報）を得る

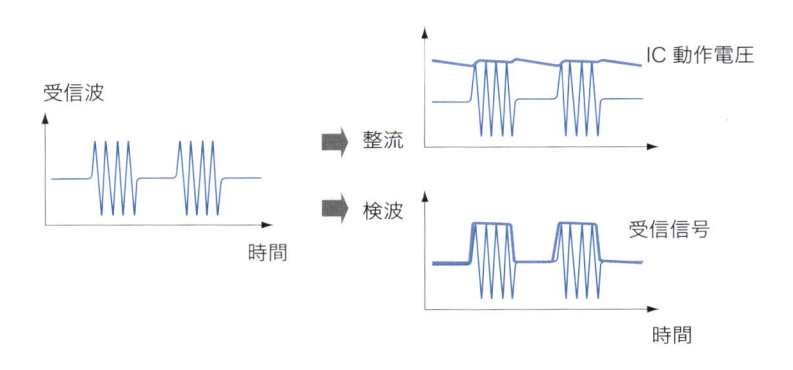

・**電波方式**

　使用周波数は 433MHz や 900MHz 帯、2.45GHz などの高周波です。それぞれの波長は約 70cm、約 30cm、約 12cm で、いずれも波長以上の距離で通信します。電波は、アンテナから 1 波長程度離れた位置から空間を移動しはじめるので、これらの周波数を使った方式を**電波方式**と呼んでいます。

　一方、**電磁誘導方式**は周波数が低いので、例えば 13.36MHz では波長は約 22m もあります。もしこの周波数のタグを電波方式で実現すると、相手が見えないほど遠方と通信することになりますから、電磁誘導方式では「アンテナと電波」ではなく「コイルと磁界」を使った通信システムです。

　さて、電波方式では 1、0 情報を変調（第 2 章）して送信します。R/W 側からタグ側へ送る信号の変調方式は、ほとんどの RFID システムで ASK（第 3 章）を使っています。電池を持たずに R/W 側からの電力をもらって動作するタグをパッシブ・タグといいますが、このとき図 5-5-7 に示すように、搬送波は信号と電力の両方を兼ねています。ASK は、電力伝送に有利な変調方式なので、R/W 側からタグ側へ送る場合に使われているのです。1、0 情報を符号化する方式は、表 5-5-1 に示すように、**NRZ 符号**や**マンチェスタ符号**などが使われています。

　つぎにタグ側から R/W 側へ送る信号の変調方式は、やはり多くが ASK を使っていますが、FSK や PSK（第 3 章）も使われています。R/W はタグで反射される電磁波の変化で 1、0 情報を得ますが、これをバックスキャッタ（後方散乱）方式と呼んでいます。

表 5-5-1　RZ 符号、NRZ 符号、マンチェスタ符号の例

符号化方式	説　　明	伝送符号 1 0 1 1 0 1
単流 RZ	ビット 0 が電位 0 に、1 が正電位もしくは負電位に対応。ビット間電位 0 に戻る（Return to Zero）	0ボルト
単流 NRZ	ビット 0 が電位 0 に、1 が正電位もしくは負電位に対応。ビット間電位 0 に戻らない（Non Return to Zero）	0ボルト
マンチェスタ	ビット 0 に正電位から負電位に変換。ビット 1 は負電位から正電位に変換	0ボルト

・アンチコリジョン方式

　RFID システムでは 1 つの R/W で複数のタグを読み取ることがあります（図 5-5-6）。このために開発された通信方式が**アンチコリジョン方式**です。アンチコリジョン（anti-collision）とは**衝突防止**という意味で、マルチ・リードや一括読み出しなどとも呼ばれています。

　アンチコリジョン機能の付いている R/W は、まずタグのメモリ内のデータを「**時間枠（タイムスロット）**」として指定します。図 5-5-9 の例では、タグの ID 番号の下 2 ビットに対応させていますが、タグは、タイムスロットのデータに応じて、応答のタイミングをずらします。

　図 5-5-8 は 2 ビットのタイムスロットなので、タグは 00、01、10、11 の 4 つの異なるタイムスロットで R/W に応答します。00 では応答したタグが 1 つなので、データは正常に受信できます．そのとき R/W は、そのタグに対してスリープ・コマンド（一定時間応答しない）を送信します。

　01 のタイミングでは同時に 2 つのタグが応答しているので、コリジョン（衝突）が検知されます。この場合は、つぎの 2 ビットをタイムスロットとして、同じ処理を繰り返します。こんどは 00 と 10 のタイムスロットでタグが 1 つずつなので、コリジョンを起こさずに読み取れることになります。

図 5-5-8　アンチコリジョン機能の R/W（タイムスロット方式）

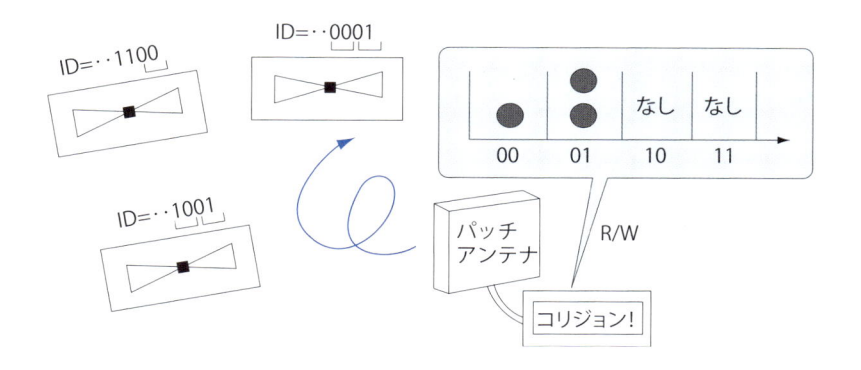

● PHS の規格

　PHS（Personal Handyphone System）は、1993 年に日本のコードレス電話として実用化実験が始まり、1997 年にはデータ通信サービスも開始されました。2000 年前後には中国や台湾などの海外でもサービスを開始し、その後も高速化が進んでいます。

　PHS は端末の出力が数十 mW と低電力で、病院内でも使用が許されています。また使用する周波数が 1.9GHz と高く、波長が約 16cm と短いので、アンテナも小型化しやすく、基地局も一般の携帯電話に比べて小型化できます。

　PHS のアクセス方式は、**TDMA/TDD** です。これは **TDMA**（時分割多元接続方式）と **TDD**（時分割双方向伝送方式）を組み合わせた方式で、図 5-5-9 に示すように、TDMA/TDD フレームを**タイムスロット**に分割して、各ユーザ端末に異なるタイムスロットを割り当てます。基地局と端末は同じ周波数を用いていますが、異なるタイミングで送受信を行います。

　PHS は図に示すように 4 チャネル多重の TDMA/TDD 方式を採用しており、5 ミリ秒毎の各フレームを 8 個のタイムスロットに分割して、**ダウンリンク**（基地局から端末方向）と**アップリンク**（端末から基地局方向）に、それぞれ 4 タイムスロットを割り当てています。

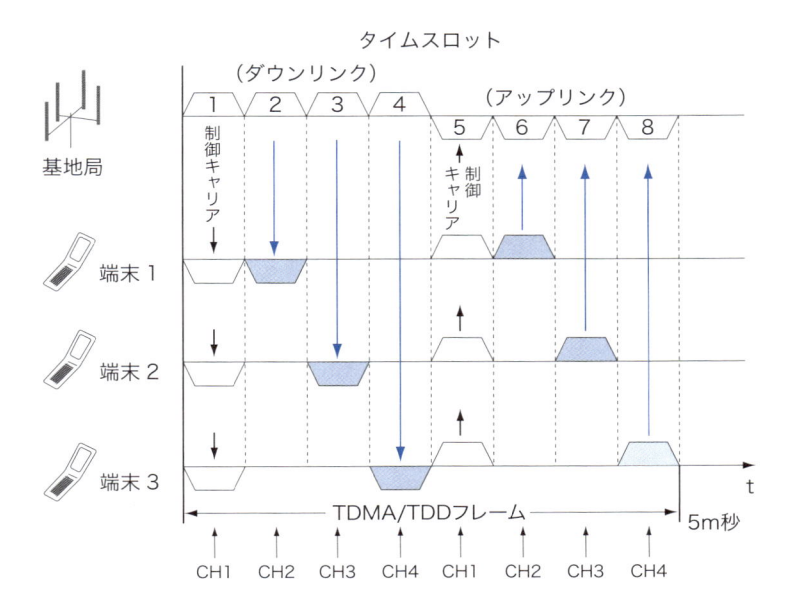

図 5-5-9　基地局と端末のアクセス

> **!** 環境の悪さを逆手にとる技法
>
> 　電波はビルや鉄柱などで反射して、電波の伝わる経路がいくつもできるマルチパス障害が発生します。しかし、データの送受信に複数のアンテナを使用する MIMO では、逆に基地局が見通せる障害のない環境では十分な効果が得られません。
>
> 　そのわけは、MIMO では複数の送受信アンテナ間で通信をして得られるパラメータを使って信号を復元するためで、障害のない空間では伝搬特性のパラメータに差がなくなり、計算できなくなってしまうのです。

5-6 電気通信事業者

●電気通信事業法

1985年に制定された**電気通信事業法**は、それまで日本電信電話公社（旧）と国際電信電話（KDD）によって独占されてきた通信事業の自由化に向けて、新規参入を可能にする電気通信事業者のための法律です。

つぎに示すのは、電気通信事業法の 第1章 総則、第1条（電気通信事業法の目的）と第2条（用語の定義）の内容です。

> 第1条　この法律は、電気通信事業の公共性にかんがみ、その運営を適正かつ合理的なものとするとともに、その公正な競争を促進することにより、電気通信役務の円滑な提供を確保するとともにその利用者の利益を保護し、もつて電気通信の健全な発達及び国民の利便の確保を図り、公共の福祉を増進することを目的とする。
> 第2条　この法律において、次の各号に掲げる用語の意義は、当該各号に定めるところによる。
> 1. 電気通信　有線、無線その他の電磁的方式により、符号、音響又は影像を送り、伝え、又は受けることをいう。
> 2. 電気通信設備　電気通信を行うための機械、器具、線路その他の電気的設備をいう。
> 3. 電気通信役務　電気通信設備を用いて他人の通信を媒介し、その他電気通信設備を他人の通信の用に供することをいう。
> 4. 電気通信事業　電気通信役務を他人の需要に応ずるために提供する事業（放送法（昭和25年法律第132号）第118条第1項に規定する放送局設備供給役務に係る事業を除く。）をいう。
> 5. 電気通信事業者　電気通信事業を営むことについて、第9条の登録を受けた者及び第16条第1項の規定による届出をした者をいう。
> 6. 電気通信業務　電気通信事業者の行う電気通信役務の提供の業務をいう。

●電気通信事業者

電気通信事業法により、NCC（New Common Carrier）と呼ばれた**電気事業者**や、VAN（Value Added Network：付加価値通信網）事業者が生まれました。自由化後の NCC には、第二電電（DDI）、日本テレコム（JT）、日本高速通信（TWJ）の 3 社がありましたが、吸収や合併が進み、DDI と KDD は 2000 年に合併し、KDDI となりました。

VAN は当時の第二種電気通信事業者で、パケット交換や電子メール、コード変換、プロトコル変換などの付加機能も提供する回線ネットワーク・サービスです。その後の電気通信事業法の改正（2004 年 4 月 1 日施行）で電気通信事業に第一種と第二種の区分がなくなり、またこれらの業務はインターネット経由で行われるようになり、VAN という用語は聞かれなくなりました。2004 年の改訂前は、伝送路設備を保有する電気通信事業者は第一種電気通信事業者で、固定電話や携帯電話などの事業を行っています。また電力会社や鉄道事業者なども、自社の伝送路を他の電気通信事業者へ貸し出しする事業を行っています。

●電気通信主任技術者

筆者は 1989 年に**電気通信主任技術者**（第 1 種伝送交換：当時）試験に合格しました。特に電気通信事業者の仕事に携わっているわけではありませんが、「電気通信事業者は、その事業用電気通信設備を、総務省令で定める技術基準に適合するよう、自主的に維持するために、電気通信主任技術者を選任し、電気通信設備の工事、維持及び運用の監督にあたらなければなりません。」（電気通信国家試験センターの Web より引用）

電気通信主任技術者資格者証は、伝送交換主任技術者資格者証と線路主任技術者資格者証の 2 種類で、前者の監督の範囲は「電気通信事業の用に供する伝送交換設備及びこれに附属する設備の工事、維持及び運用」、後者は「電気通信事業の用に供する線路設備及びこれらに附属する設備の工事、維持及び運用」です。仕事で使うかはともかく、これらの資格にチャレンジすれば、通信技術の知識がしっかり学べることでしょう。

5-7 電波法を知る

●アマチュア無線と電波法

筆者らは**アマチュア無線**を趣味としていますが、国家試験の法規には苦労させられました。分厚い「電波法」の中からさまざまな問題が出題されるので、当てずっぽうでは合格できません。現在は4択のマークシート式ですが、昔は暗記した条文を記述させる出題だったようです。

前節の電気通信主任技術者試験と同じように、**電波法**を勉強したかったらアマチュア無線の国家試験にチャレンジすることをおすすめします。

さて電波法は、第1章 総則、第1条にあるように「電波の公平且つ能率的な利用を確保することによって、公共の福祉を増進することを目的」としています。ここで電波とは「300万メガヘルツ以下の周波数の電磁波」と定義されていますから、アマチュア無線の電波はもちろん、テレビ、ラジオ、携帯などの電波も、すべて電波法のもとに運用されています。

●無線局の免許

アマチュア無線の国家試験に合格して電波を出すためには、**無線局の免許**を取得する必要があります。放送局ももちろん免許を得て運用していますが、電波法 第2章は、無線局の免許についての条文です。つぎに示すのは、第2章 無線局の免許等、第1節 無線局の免許 第4条（無線局の開設）の内容です。

> 第4条　無線局を開設しようとする者は、総務大臣の免許を受けなければならない。ただし、次の各号に掲げる無線局については、この限りでない。
> 1. 発射する電波が著しく微弱な無線局で総務省令で定めるもの
> 2. 26.9メガヘルツから27.2メガヘルツまでの周波数の電波を使用し、かつ、空中線電力が0.5ワット以下である無線局のうち総務省令で定めるものであつて、第38条の7第1項（第38条の31第4項において準用する場合を含む。）、第38条の26（第38条の31第6項におい

て準用する場合を含む。）又は第38条の35の規定により表示が付されている無線設備（第38条の23第1項（第38条の29、第38条の31第4項及び第6項並びに第38条の38において準用する場合を含む。）の規定により表示が付されていないものとみなされたものを除く。以下「適合表示無線設備」という。）のみを使用するもの

3. 空中線電力が1ワット以下である無線局のうち総務省令で定めるものであつて、次条の規定により指定された呼出符号又は呼出名称を自動的に送信し、又は受信する機能その他総務省令で定める機能を有することにより他の無線局にその運用を阻害するような混信その他の妨害を与えないように運用することができるもので、かつ、適合表示無線設備のみを使用するもの

4. 第27条の18第1項の登録を受けて開設する無線局（以下「登録局」という。）

　1.の「電波が著しく微弱な無線局」には、第4章 4-4節 で述べた自動車のキーレスエントリーやイモビライザー、おもちゃのリモコンやトランシーバー、ファミリーレストランの注文呼び出しで使われている微弱無線局などがあります。

　2.の「26.9メガヘルツから27.2メガヘルツまでの周波数の電波を使用し、かつ、空中線電力が0.5ワット以下である無線局のうち総務省令で定めるもの」は、やはり4-4節 で述べたCB（市民ラジオ）無線機が該当します。ここで「適合表示無線設備」とは、4-9節で述べた**技適マーク**の付いた無線設備を使用する無線局のことです。

　3.に該当する適合表示無線設備には、コードレス電話や特定小電力無線局などがあります。**特定小電力無線局**の例としては、第3章 3-15節で紹介したワイヤレス生体情報モニターをはじめとするテレメトリーシステムがあります。また、マイクロ波帯を使用する移動体検知センサーは、高齢者の動きを検出したり、家屋への不法侵入を検出する防犯対策用の装置としても使われています。

　自動車追突防止用のレーダーとして、マイクロ波よりも周波数が高い76GHzのミリ波が利用されていますが、この装置も特定小電力無線局に該当します。

5-8 電波の利用料金

●電波利用料制度

電波利用料は、無線局の免許人から徴収する料金のことで、筆者らはアマチュア無線局の電波利用料として、免許の有効期間中（5年間）は毎年300円（平成20年9月30日まで500円）支払っています。アマチュア無線局数は、総務省による平成23年3月末時点のデータでは約45万局なので、「塵も積もれば…」という総額になります。各地のテレビ局も納めていますが、全体で数十億円、民放キー局でも数億円で、この金額は電波を独占できることによる収益に対して安すぎるという批判も聞かれます。電波利用料制度の目的について、総務省の「電波利用ホームページ」から引用します。

> 電波は、テレビや携帯電話などの身近なものから、警察、消防・救急、航空、船舶、防災など公共性の高い無線通信まで幅広く利用されており、今後もさらに利用が増大することが予想されます。
> しかし、一方で、免許を受けずに無線機を使用したり、勝手に無線機を改造して他の無線局に妨害を与えるといったルール違反も多数発生しています。
> そこで、混信や妨害のないクリーンな電波利用環境を守るとともに免許事務の機械化や能率的な電波利用の促進により無線局の急増に対処するなど、電波の適正な利用のより一層の確保を目的に平成5年4月1日から電波利用料制度が導入されました。
> 電波利用料は、放送事業者が開設する放送局、電気通信事業者が開設する基地局や固定局、個人の方々が開設するアマチュア局やパーソナル無線など、原則として全ての無線局についてご負担いただくもので、例えば、携帯電話についても、1台につき年額２５０円の電波利用料を各携帯電話事業者にご負担いただいております。（但し、国等の無線局について、一定の要件（※）に該当するもの、地方公共団体が開設する消防、水防及び防災の用に供する無線局については減免。）
> ※国民の安心・安全（消防等）や治安・秩序（警察等）を目的とするもの。

第6章

次世代ワイヤレス技術

　ここ十数年、ワイヤレス技術の革新はめざましく、ポケベル、携帯電話、スマホ、タブレット端末と、あっという間の台頭劇でした。ワイヤレス技術はこの先何を目指しているのか。何が変わり、何が変わらないのか、最終章では、ワイヤレスの次世代技術に思いをはせています。

6-1 スマート・アンテナ

● PHS の基地局用アンテナ

図 6-1-1 は、**PHS の基地局用アンテ ナ**です。垂直の棒（エレメント）が 4 本 ありますが、動作周波数 1.9GHz 帯の波 長 16 〜 17cm の何倍かの長さです。こ れはエレメントが図 6-1-2 のような**コリ ニア・アレー**（Colinear Array）になっ ているためですが、図 6-1-1 の 4 本ある いは 8 本のアンテナから放射される電波 の位相[注]を調整して、合成波の放射方 向をコントロールしています。

図 6-1-1　PHS の基地局用アンテナ

このようなアンテナは**アダプティブ・ アレイ**（Adaptive Array）と呼ばれていますが、PHS の基地局は通話中の 携帯電話端末に向けて、放射を集中することができます。

図 6-1-2　ダイポール・アンテナのコリニア・アレー

●スマート・アンテナとは

スマート・アンテナの「スマート」は「賢い」という意味で使われていま す。図 6-1-3 は PHS の基地局を示していますが、同じ周波数を使うため 2 つの局は一定の距離を保ってサービスエリア（セル）を配置しています。し かし、端末が図のような位置にある場合、基地局のアンテナが電波の指向性

注）位相とは、同じ時刻で測った波（電波）の位置や状態。同位相では強め合い、逆位相では弱 め合うという性質がある。

を調整して1つの局と通信することで、同じ周波数を使うことができるのです。

このようなコントロールができるアンテナをスマート・アンテナと呼んでいますが、それにはアダプティブ・アレイの技術が使われています。

図6-1-3　PHSの基地局のサービスエリア

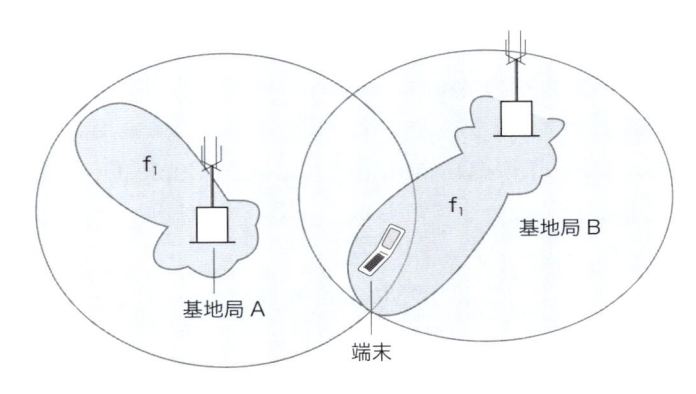

● SDMAとは

図6-1-4は、1つのセル内に複数の端末がある状況を示しています。このとき、端末A、B、C、Dが同時に送信すると、基地局のアンテナはそれぞれの端末に向けて指向性をコントロールします。このように、特定の方向に向けて電波を集中して送ることを**ビーム・ステアリング**といいます。

図6-1-4　SDMAによる指向性のコントロール

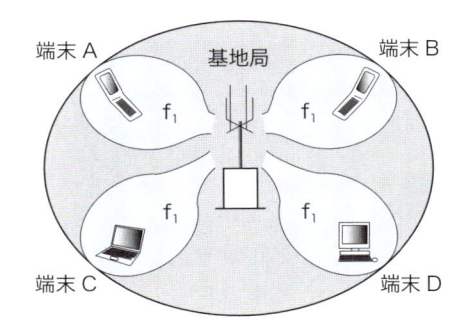

また、Aに向ける電波は端末B、C、Dに向けてヌル点（不感点）ができるようにコントロールしますが、これを**ヌル・ステアリング**といいます。

このような指向性は、それぞれのアンテナから放射される電波の位相を調

整した合成波で実現できますが、あらかじめ調整の値を基地局の回路に設定しておけば、特定の端末からの電波を受信したり、その端末に向けて送信することができるというわけです。このような技術は **SDMA**（Space Division Multiple Access：空間分割多重接続）と呼ばれ、PHS の基地局では 2 〜 4 方向のコントロールを行っています。

● MIMO による空間多重

アダプティブ・アレイの Adaptive とは、環境に「適応できる」という意味があります。アダプティブ・アレイは複数のアンテナを用いて指向性をコントロールしますが、**MIMO**（Multiple Input Multiple Output）という技術も複数のアンテナを使います。しかし MIMO では、つぎに示すように複雑な処理を行っています。

図 6-1-5 は、MIMO による **SDM**（Space Division Multiplexing：空間分割多重）を示しています。左側にある複数の送信アンテナ（図では 2 本）は、その本数に応じて複数の信号を同時に送信して、情報（ストリームと呼ぶ）を空間的に多重化して伝送します。

図 6-1-5　MIMO による SDM（空間分割多重）

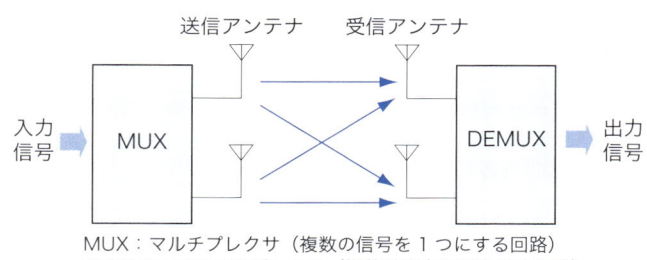

MUX：マルチプレクサ（複数の信号を 1 つにする回路）
DEMUX：デマルチプレクサ（複数の出力に送り出す回路）

SDM 方式は、前項の SDMA とほぼ同じしくみで、それぞれの送信アンテナから独立した信号を送信して、図の右にある受信側では、スマート・アンテナによって、多重化された信号を分離して出力します。

図 6-1-6 は、送信側で伝搬路（チャネル）の状態を表す情報を得ているときの MIMO のしくみを示しています。簡略化するために、図 6-1-5 と同じアンテナ数で説明します。

T_1、T_2 は送信信号、R_1、R_2 は受信信号です。また A_{11}、A_{12}、A_{21}、A_{22} はチャネル係数といわれ、送信、受信アンテナの特性や空間の伝搬特性を含んだ値(**パラメータ**と呼ぶ)です。

図 6-1-6 の左側に示す受信の状態を**行列**で表すと、図の右側上段のようになります。つぎに、**受信信号**から**送信信号**が得られれば通信が可能になるので、行列を下段のように変形して解けば、送信信号は推定できることになります。

図 6-1-6　チャネル係数を得ているときの MIMO のしくみ

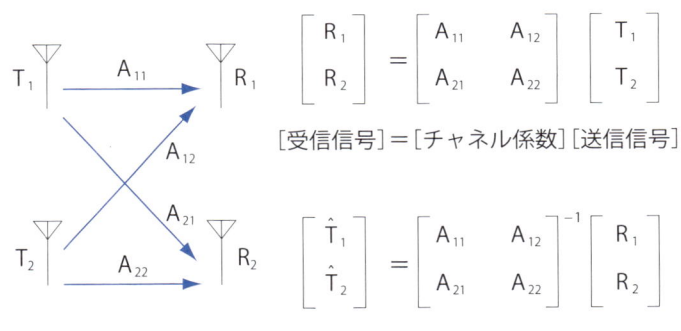

$$\begin{bmatrix} R_1 \\ R_2 \end{bmatrix} = \begin{bmatrix} A_{11} & A_{12} \\ A_{21} & A_{22} \end{bmatrix} \begin{bmatrix} T_1 \\ T_2 \end{bmatrix}$$

[受信信号] = [チャネル係数] [送信信号]

$$\begin{bmatrix} \hat{T}_1 \\ \hat{T}_2 \end{bmatrix} = \begin{bmatrix} A_{11} & A_{12} \\ A_{21} & A_{22} \end{bmatrix}^{-1} \begin{bmatrix} R_1 \\ R_2 \end{bmatrix}$$

[復元信号] = [チャネル係数] [受信信号]

しかし、このように**復元信号**を得るためには、そもそも A_{11}、A_{12}、A_{21}、A_{22} のチャネル係数をあらかじめ知っておく必要があります。

そこでこれを知るためには、まず送信アンテナから受信アンテナに向けて、受信側で既知の信号を送ります。受信側では、空間という伝送路を通って変化した信号を得て、受信側で送信信号と受信信号からチャネル係数を計算します。また、すべてのチャネル係数を決定するためには、受信信号数(この例では 4 回)分の操作が必要になります。図 6-1-7 に、各送信アンテナの給電電圧(V_{T1}、V_{T2})と受信電圧(V_{R1}、V_{R2})を使った例を示します。

図 6-1-7　チャネル計数を決定する方法の例

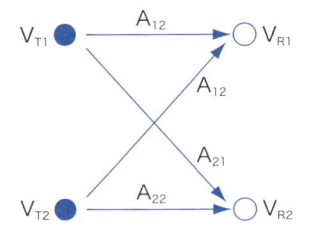

6-2 次世代のワイヤレスLAN

●パソコンから家電へ

　ワイヤレスLANといえば、Ethernetケーブルを無線化する技術として普及してきましたが、パソコンだけでなくゲーム機や携帯音楽プレイヤー、デジカメなどの家電製品にも、**Wi-Fi** Alliance（ワイヤレスLANの業界団体）が認定するWi-Fiロゴが付いた機器が増えました。

　また、ほとんどのスマホやタブレット端末にもワイヤレスLANの機能が不可欠になっており、これらはインターネットに接続して、電子メールやWebの画像、音楽データをダウンロードするといった使い方が主です。

　これらはWi-Fi機器を情報端末とする従来の使い方ですが、最近はテレビやエアコンといった家電製品に搭載する動きが広がっています。例えばWi-Fi機能が付いているテレビには、スマホやタブレット端末をつなげて大きな画面で表示できます。第3章3-6節で述べたワイヤレスTVは、機種が限定されますが、5GHz帯のワイヤレスLANの無線伝送規格であるIEEE 802.11a/nを使っています。

　電子レンジにWi-Fi機能を付けてれば、レシピを送信して交信することもできるでしょう。また**IEEE 802.15.4g**は、第5章5-3節で述べたスマートグリッドを実現するための標準化規格ですが、これとは別に、Wi-FiのワイヤレスLANもスマートグリッドで利用する動きがあります（図6-2-1）。

● IEEE 802.11による次世代仕様の策定

　ワイヤレスLANの規格である802.11は、**IEEE802委員会**で策定している国際標準規格です。表6-2-1は、現行規格のつぎに検討されているワイヤレスLANの主な次世代規格です。

図 6-2-1　家庭内でワイヤレス LAN を使って電力を管理する（イメージ）

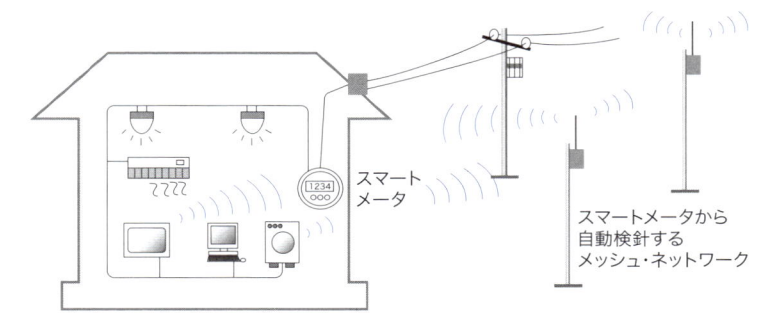

表 6-2-1　代表的な次世代のワイヤレス LAN 規格

規格名	主な仕様の内容	備考
IEEE802.11ac	OFDM、MIMO（8多重）、256QAM で、最大伝送速度 6.9Gbps	11n の後継
IEEE802.11ad	57～66GHz のミリ波を使い、最大伝送速度 6.7Gbps	WiGig [注1] が推進
IEEE802.11af	テレビのホワイトスペース[注2]を活用　1.1Gbps	11a/g の改訂版
IEEE802.11ah	900MHz 帯を使い、低速だが長距離	スマートグリッドでの利用を想定

●高速化の仕様

　表 6-2-1 の **IEEE802.11ac** と **802.11ad** は、最大伝送速度が 6.7～6.9Gbps と高速です。802.11ac は **802.11n** の後継という位置づけですが、802.11n の最大伝送速度が約 600Mbps ですから、1 桁も速くなっています。

　伝送方式はいずれも第 5 章で解説した **OFDM**（直交周波数分割多重）で、変調方式は第 3 章で述べた **QAM**（**64QAM** またはオプションで **256QAM**）です。また複数のアンテナを使用する **MIMO** の技術を採用し

注 1）業界団体 WiGig（Wireless Gigabit Alliance）。
注 2）地上波デジタルテレビ放送が利用していない空き周波数。

ており、802.11acでは最大8多重で使うことを想定しています。

　G（ギガ）bpsの伝送速度は、例えばテレビとBlu-rayディスク・レコーダなどのAV機器間のワイヤレス接続には必要でしょう。しかし一方では**802.11af**や**802.11ah**のように、低速だが通信距離を長くして、図6-2-1に示すようなスマート・メータに利用するようなニーズも期待されています。

●ワイヤレスLANのICチップ

　ワイヤレスLANの機能がパソコンだけでなくスマホやタブレット端末、各種の家電にも搭載されるようになるのは、**送受信用ICチップ**の価格が大幅に低減したことも手伝っています。米国Broadcom社の802.11b専用のICは、大量に出荷する場合の単価が1ドル以下（2011年）とのことなので、本体価格を押さえたいスマート・メータのようなセンサー系の機器にも搭載できるでしょう。

　ワイヤレスLANの機能はこのICだけでは実現できません。電波の電力を供給するパワーアンプやデータを保存するメモリーなども必要になります。例えば家電メーカーは、これらを独自の回路で組むことはせずに、これらが一体になったワイヤレスLANのモジュール（図6-2-2）という部品を組み込むことでワイヤレスLANの機能を搭載します。モジュールを供給している日本、韓国、台湾などメーカーは、取り付ける機器によって必要な機能が異なるので、メーカーの特徴を引き出す手腕が問われる分野でしょう。

図6-2-2　超小型ワイヤレスLANモジュールの例（株式会社村田製作所）

● IPアドレス

　端末や機器でワイヤレスLAN（WiFi）を使うということは、それぞれの機器に**IPアドレス**を割り振るので、世界中で使われる機器の数だけアドレスが必要になります。そこでIPアドレスは、従来のIPv4から図6-2-3に示すIPv6に移行して、扱えるアドレス数を劇的に増やしているわけです。

図6-2-3　IPv6のアドレスと割り振れるアドレス数

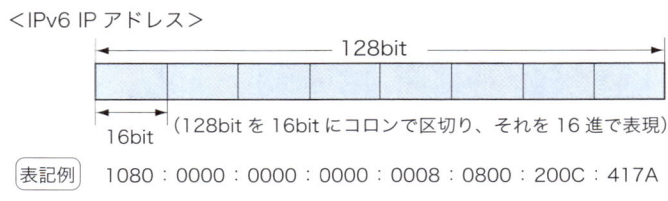

＜IPv6 IPアドレス＞

128bit

16bit（128bitを16bitにコロンで区切り、それを16進で表現）

表記例　1080：0000：0000：0000：0008：0800：200C：417A

IPv6のアドレス数：2^{128}＝340,282,366,920,938,463,463,374,607,431,768,211,456個

●周波数と通信距離の関係

　ワイヤレスLANの現行規格や図6-2-2の次世代規格では、さまざまな周波数の電波が使われます。低い方から、400〜700MHz、900MHz帯、数GHz帯、60GHz帯ですが、この中で数百MHz帯は携帯電話にも割り当てられ、**プラチナバンド**と呼ばれています。

　それは、この周波数の電波が建築物などの障害物に回り込んで届くため、通信できないエリアがより少なくなるバンド（帯域）だからですが、さらに詳しく解説すると、この現象はつぎに述べる**電波の回折**を意味しています。

　図6-2-4は、金属板の手前に垂直ダイポール・アンテナがあり、電波が送信されているときの磁界（磁力線）の様子を、小さい三角錐の連なりで示しています。ここで金属板は障害物ですが、金属板の表面には強い電流が流れていることが確認できます。アンテナの周りに発生した磁界は、金属表面に平行に走っていますが、これにより金属表面には誘導電流が流れます。磁力線は、イギリスの物理学者ファラデー（1791〜1867年）が考案しましたが、時間変化する磁界が金属に誘導電流を発生させることも発見しました。

　ところで**IH（電磁）調理器**は、鉄鍋の底に強い交流磁界を当てますが、それにより**誘導電流**を発生させて、鉄の電気抵抗による発熱を利用しています。図6-2-2では表の面に強い電流が流れていますが、金属板の裏側にも電流が回り込んでいることを忘れてはいけません。

　時間変化する電流が金属に流れるとまわりに磁界が発生しますが、その変動する磁界は変動する電界を発生します。そこで金属板から電波が再放射され、電波は金属板の左側へも放射されるので、電波の世界ではこれを回折と呼んでいるわけです。

図 6-2-4　金属板の手前にある送信アンテナのまわりにできる磁界（磁力線）の様子

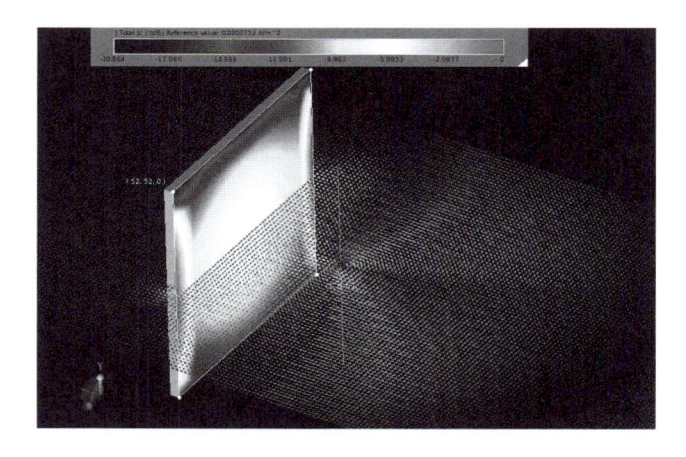

　400 〜 900MHz の波長は 33cm から 75cm の範囲にありますが、金属板の寸法がこれらの波長に近い場合は、**誘導電流**が流れやすくなるので**回折**も起こりやすくなるでしょう。

　図 6-2-5 は、オフィス内の電波の伝搬をシミュレーションした結果で、左下隅の部屋に 2.4GHz のワイヤレス・ルータがあります（Wireless InSite を使用）。

　一方、数 GHz 帯や 60GHz 帯では波長が数 mm から数 cm と短く、一般の建築物のサイズでは誘導電流は減衰してしまい、再放射（回折）は起こりづらくなります。また波長が建築物よりもはるかに長い場合は、飛距離は伸びますが、アンテナ

図 6-2-5　オフィスのワイヤレス LAN のシミュレーション（提供：構造計画研究所）

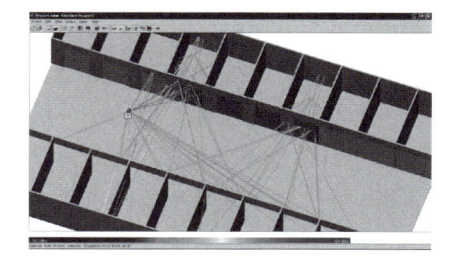

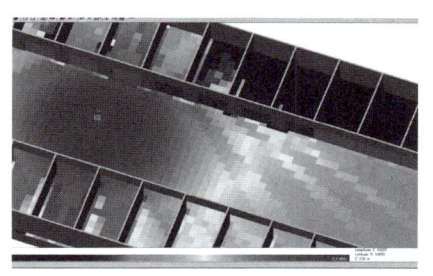

の寸法が巨大になりワイヤレス LAN のシステムには向きません。そこで、プラチナバンドは、モバイル・システムに最適な周波数（波長）といわれるわけです。

6-3 クラウド端末

●クラウド・コンピューティングとは

コンピュータ・システムの形態は、図6-3-1に示すように、分散処理と集中処理の繰り返しの歴史ともいえます。右端に位置する**クラウド・コンピューティング**（Cloud Computing）のクラウドとは雲のことで、インターネットを表現しています。

図6-3-1 分散処理と集中処理の繰り返しの歴史

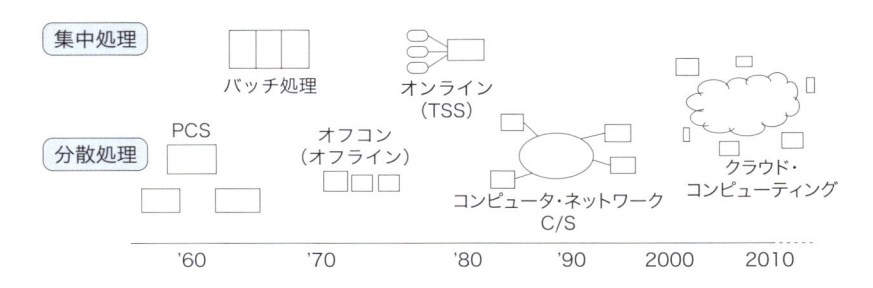

PCS：Punch Card System　TSS：Time Sharing System
C/S：Client/Server System

企業では1台の大型のコンピュータに多くの端末をつなげて利用しますが、この利用形態が集中処理です。しかし、企業内には利用したい大型機が複数あって設置場所も全国に分散しているので、多くの企業ではインターネットを経由してそれぞれに接続できるようになっています。このような利用形態は分散処理といえますが、そう考えるとクラウド・コンピューティングでは、従来の分散／集中という形態ではっきり定義できないように感じられます。

一般にコンピュータ本体やプログラム、データなどは主にユーザが管理していますが、クラウド・コンピューティングではユーザは最低限の接続端末だけを持てば済むという環境を想定しています。

一方、このサービスを提供する企業は、ユーザの処理が実行されるコンピ

ュータやネットワークを管理するので、ユーザ側の管理運営費用やデータの保全にかかわるわずらわしい業務は軽減されることになります。

●クラウド端末とは

　クラウド・コンピューティングでは、ユーザの処理に使うコンピュータはインターネットを経由して利用します。そこで、端末は企業内や家庭内のLANからルーターを通って、まずISP（Internet Services Provider：インターネット接続業者）のコンピュータにつなげます。

　クラウド・コンピューティングで使用する端末は、特に**クラウド端末**と呼ばれることがありますが、それはインターネットに接続する環境とブラウザなどの最低限の接続環境を用意すればよいので、一般のパソコンほどの性能は必要ないからです。1990年代には、パソコンの機能を最小限に抑えた**NC（Network Computer）**が登場しましたが、今日では**スマホ**や**タブレット端末**を業務用のクラウド端末として活用することも考えられます。

●必要なセキュリティ対策

　企業では、総務部門の扱う人事管理や会計、給与、営業部門の販売管理、生産管理部門の生産管理などの業務がありますが、これらの業務を行うシステムを基幹系システムといいます。

　営業マンはタイミングよく注文を取るのが仕事ですから、客先からクラウド端末で基幹業務をこなせれば大変便利です。しかしスマホやタブレット端末は、安易にアプリをインストールするとウィルスに感染することがあるので、私用で使う端末とは厳密に分ける必要があります。

　スマホやタブレット端末用に、専用のウィルス対策アプリも販売されていますが、携帯電話会社は、ウィルス対策のセキュリティサービスも用意しています。　OSには、アップルの**iOS**とGoogleの**Android**がありますが、Androidはウィルス感染がしやすいといわれています。事前審査されていないサイトにもアクセスできるので、怪しいサイトからはアプリをダウンロードしないように心がけましょう。また持ち運びする端末は、盗難にも気をつける必要があります。万一紛失してしまったら、勝手に操作されないように加入している携帯電話会社に連絡して対応を依頼しましょう。

6-4 4G（第4世代）携帯電話の実用化

● LTEの先にあるもの

　第4世代の移動体通信は、ITU（国際電気通信連合）が2012年に勧告承認を目指しています。**LTE**（第5章5-2節）は**第3.9世代**の移動体通信という位置づけですが、LTEの先を意味する**LTE-Advanced**が第4世代として開発されています。またWiMAXの先を意味する**WiMAX2**も第4世代で、1Gbpsの通信速度を実現しようという設計です。

　IMT-2000は、ITUが勧告している第3世代の移動体通信システムの正式名称ですが、第4世代はIMT-Advancedという名称で規格化が進んでいます。

　移動体通信の業界団体である3GPPは、LTE-Advancedの規格化作業を行っていますが、ITUはIMT-Advancedに、このLTE-Advancedを採用しています。また、IEEE802.16mタスク・グループで標準化作業が進められていたWiMAX2（WirelessMAN-Advanced）は、2011年4月、IEEEで正式に承認され、ITUのIMT-Advancedにも採用されています。

　さて、LTE-AdvancedはLTEよりも広い100MHzの帯域幅を使い、最大伝送速度1Gbpsをめざしています。この高速度を実現するために、キーとなるいくつかの技術がありますが、キャリア・アグリゲーションは、100MHzの帯域幅を有効に活用するために、複数の**キャリア**（周波数チャネル）を束ねて高速化する技術です。

　具体的には、20MHz幅のキャリアを束ねて、100MHz幅（下り）と40M〜60MHz幅（上り）のキャリアを使い、高速化する方式です。

　また、LTEで規定されている4×4多重の**MIMO**を、8×8多重のMIMOを利用できるようにしていますが、アンテナの数を増やすことで、6-1節で述べた伝送路を拡張しています。

　これらは設計段階における紙の上の仕様なので、すべての項目を数年で実現させるためには、現状の高周波回路やデジタル信号処理の性能を大きく向上させることが求められています。

6-5 次世代高速無線通信技術

● XGP

　前節の 4G は次世代の移動体通信技術ですが、その他にも次世代といわれている通信技術があります。**XGP**（eXtended Global Platform）は、ウィルコムが次世代 PHS 方式として開発をはじめましたが、さらに **AXGP**（Advanced eXtended Global Platform）と呼ぶ通信方式に高度化されました。

　ソフトバンクモバイルは、この AXGP 方式を採用した次世代高速通信サービス「SoftBank 4G」を 2011 年に発表しました。同社のモバイル Wi-Fi ルーター（ULTRA WiFi 4G SoftBank 101SI）は、最大 76Mbps（下り）のデータ通信が可能で、Xi（第 5 章 5-2）の最大伝送速度 37.5Mbps（下り：一部屋内エリアで 75Mbps）を上回るという触れ込みです。

　XGP の最終的な仕様では、上り・下りとも伝送速度が 100Mbps 以上で、新幹線並みの移動速度で使っても安定して通信できることをめざしていました。

　図 6-5-1 は、**PHS** が採用している **TDD**（Time Division Duplex：時分割復信）方式を説明しています。同じ周波数を時分割して送受を切り替えることで、上下とも同じ伝送速度を得られることがわかるでしょう。

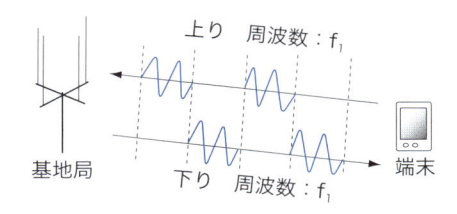

図 6-5-1　TDD 方式による上り・下りの電波

● ミリ波による高速化

　ミリ波は周波数 30 〜 300GHz（波長 1 〜 10mm）の電磁波で、EHF（Extremely High Frequency）とも呼ばれています。また、300GHz 〜

3THz[注]（波長 0.1mm ～ 1mm）の電磁波を**サブミリ波**といい、電波法では300万 MHz（＝ 3THz）以下の電磁波を電波と定義しています。

ワイヤレス LAN の **IEEE802.11ad** で使われるミリ波は **60GHz 帯**ですが、ミリ波帯は広い帯域が使えるので、HD（高精細）動画を転送するなどの次世代高速無線通信の技術に利用されています。

ワイヤレス LAN は、**OFDM** で周波数の利用効率を高めたり、**MIMO** などの技術を使うことで高速化を図ってきましたが、これらの技術で可能な伝送速度に限界が見えてきました。また周波数の割り当ては、**プラチナバンド**が奪い合いになり、数 GHz 以下の周波数に空きがほとんどないのが現状です。一方、これらの周波数に比べミリ波帯ではまだ広帯域が使用でき、日本では 59 ～ 66GHz が免許不要の特定小電力無線として利用できるのです。

● ミリ波デバイス

60GHz とは、1 秒間に 60×10^9 回の振動を意味します。これほど高速の発振を安定して作り出す技術とは、いったいどのようなものなのでしょうか。

図 6-5-2 は PLL の基本ブロック図です。左のブロック **PFC**（位相比較器）は、2 つの入力信号の周波数あるいは位相の差に対応した電圧を発生する回路です。また中央の LF（ループフィルタ）は、PFC で発生した高周波成分を取り除いたり **VCO**（電圧生業発振器）への制御電圧を作る回路で、VCO は制御電圧によって発信周波数が変化する回路です。

図 6-5-2　PLL の基本ブロック図

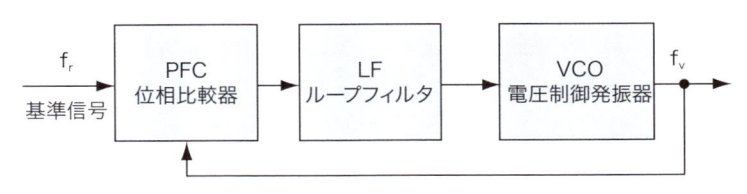

注）THz はテラ・ヘルツで、テラは 10^{12} 倍を表す。可視光の周波数は 400THz（750nm）～ 750THz（400nm）。

図の左から入力されているのは基準信号 f_r で、これと右の f_v の周波数に差があれば、LF で誤差の信号が直流に変換され、つぎに VCO の出力周波数を変化させます。これを繰り返して、最終的に f_r と f_v が等しくなった後で位相差を一定にさせて、発信周波数を安定な状態を保ちます。

　図 6-5-3 は、**ミリ波 PLL チップ**のブロック図です。PLL（Phase Locked Loop）は非常に高い周波数の発振できる回路ですが、カウンタを組み込むことで、入力信号の整数倍の周波数で信号を出力することもできます。例えば VCO の 19.44GHz は 36MHz の 540 倍ですが、このチップでは VCO の出力信号の周波数を ILO（Injection Locked Oscillator）で 3 倍にして、60GHz 帯の信号を得ていることがわかります。

図 6-5-3　ミリ波 PLL チップのブロック図（60GHz 帯の例）

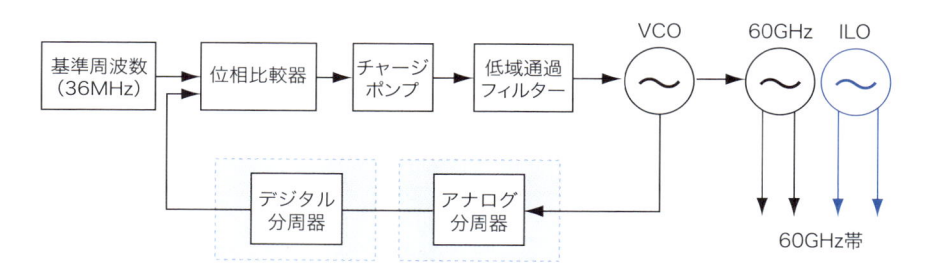

●アンテナもチップ一体化

　アンテナの基本形の 1 つに、半波長**ダイポール・アンテナ**（第 1 章 1-6 節）があります。60GHz の波長は 5mm なので、ダイポール・アンテナのエレメント長はわずか 2.5mm ということになります。

　図 6-5-4 は通信機の構成を示しています。一般には、点線内を一体化した無線モジュールとして製造されますが、60GHz 用のモジュールでは、アンテナの寸法が小さいので、アンテナも含めて全体をオールインワンに組み込んだモジュールの設計が進んでいます。

　図 6-5-5 は、NTT が発表した多層基板を用いたアンテナと **MMIC**（Monolithic Microwave Integrated Circuit：モノリシックマイクロ波集積回路）チップを実装した**ミリ波 SiP**（System in Package）の断面図です。

図 6-5-4　一般的な通信機の構成

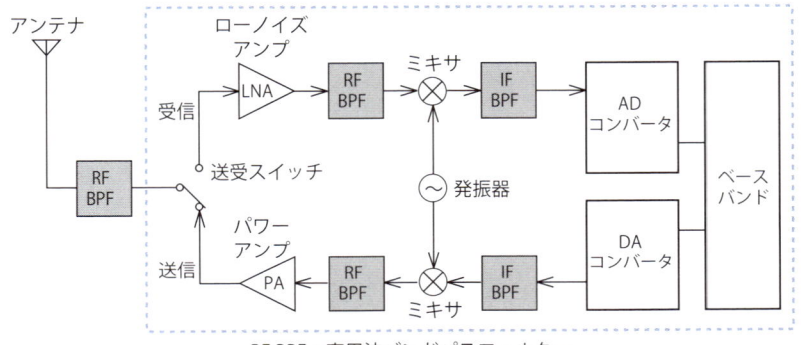

RF BPF：高周波バンドパスフィルター
IF BPF：中間周波バンドパスフィルター

図 6-5-5　アンテナ一体化ミリ波 SiP（NTT）の構造

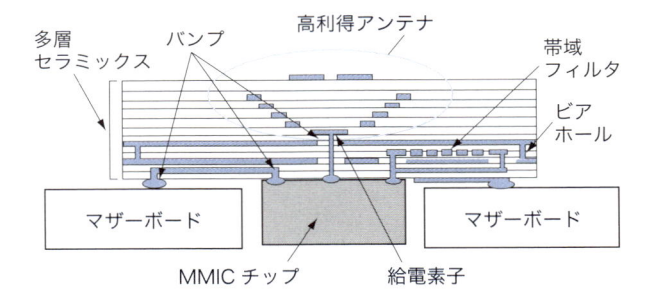

出典：システムインテグレーション技術、西川健二郎、電子情報通信学会誌、pp.113-117、Vol.93, No.2, 2010.（copyright © 2010 IEICE/ 許諾番号：11KA0070）

6-6 次世代道路交通システム

● ITS 高度交通システム

ITS（Intelligent Transport Systems：高度交通システム）は、「道路交通の安全性、輸送効率、快適性の向上等を目的に、最先端の情報通信技術等を用いて、人と道路と車両とを一体のシステムとして構築する新しい道路交通システムの総称。」（国土交通省道路局の定義）です。

政府を中心に1995年から推進されていますが、具体的には、**VICS**（Vehicle Information and Communication System：渋滞情報と連動した高度なナビゲーションシステム）や、**ETC**（Electronic Toll Collection System：電子料金収受システム）、**ASV**（Advanced Safety Vehicle：先進安全自動車）などの技術分野があります。

● VICS のしくみ

VICSとは「渋滞や交通規制などの道路交通情報をリアルタイムに送信し、カーナビゲーションなどの車載機に文字・図形で表示する画期的な情報通信システム（財団法人 道路交通情報通信システムセンター）」です。図6-6-1にVICSセンターからの情報発信を示します。

VICSセンターでは「渋滞・高速道路のリンク旅行時間、規制、SA/PA（サービスエリア／パーキングエリア）情報、障害、IC（インターチェンジ）間の旅行時間などの情報を、つぎの3つのメディアを通じてリアルタイムでカーナビに送信し、3つの表示タイプにより見やすく表示できるようにデータを処理・編集しています。

① FM多重放送（NHK等の各地のFM放送局）
　全国に設置したVICS-FM放送局からFM放送波を利用して、県単位の広域情報を一括して提供。
②電波ビーコン（高速道路）

図 6-6-1　VICS センターからの情報発信
（財団法人 道路交通情報通信システムセンター）

高速道路に設置され、電波（準マイクロ波）により、ITS スポットでは進行方向の前方 1,000km 程度の高速道路の道路交通情報を中心に提供（2.4GHz 帯の場合 200km 程度）。

③光ビーコン（一般道の主要幹線道路）

主要な一般道路に設置され、光（近赤外線）により、30km 程度先までの一般道の道路交通情報を中心に提供。

● ETC のしくみ

ETC は、ノンストップ自動料金収受システムともいわれ、高速道路などの料金所で停止することなく通過でき、渋滞を解消します（図 6-6-2）。

図 6-6-2　高速道路などの料金所の ETC レーン

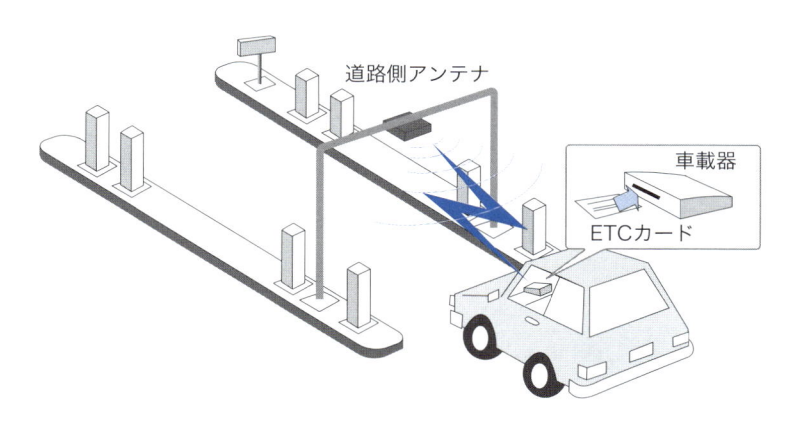

　ETC を利用するためには、自動車内に ETC カードを入れた車載器が必要で、有料道路に入る際に ETC 専用のゲートを通ると、ゲートにあるアンテナを介して道路管理者側のコンピュータと通信し、車載器の情報が記録されます。

　出口でも同じように通信して、車載器の情報から得たドライバーの銀行口座などから料金が引き落とされることになります。

　図 6-6-3 は ETC の車載器につなげるパッチ・アンテナで、このアンテナから周波数 **5.8GHz** の電波を送信して、道路側に設置されているアンテナと通信します。

図 6-6-3　ETC 車載器のパッチ・アンテナ

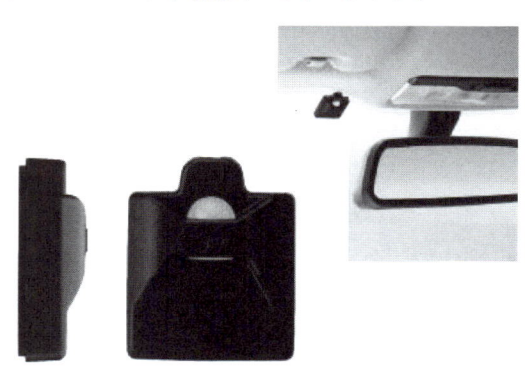

この周波数の電波の波長は約 5cm ですが、道路側の金属柱に同じ寸法の部分があれば、6-2 節で学んだように、誘導電流が流れることで、金属柱はアンテナのように働きます。

　5cm の長さの柱がなくとも、より長い金属棒はアンテナが何本も縦につながっていることと同じ動作をする場合があるので、やはり道路側の金属柱は電波を再放射（反射）するでしょう。

　このような現象が発生すると、周囲の金属もアンテナのように動作して再放射した電波が混ざってしまい、料金所の装置で情報が読めなくなることもあります。

　ETC がスタートする直前、これが原因で通信に障害が発生して予定通りの開通が危ぶまれたことがありますが、このとき金属柱に電波を吸収する特殊なシート[注] を貼って解決したということもありました。

● ASV のミリ波レーダー

　ASV 技術の 1 つに、車載カメラや**ミリ波レーダー**を用いた**追突防止**があります。図 6-6-4 は自動車用の **60GHz** ミリ波レーダーのセンサー部です。前面には図 6-6-5 の小型で高利得の**平面アンテナ**が搭載されており、前方車両との距離と相対速度を測定します。

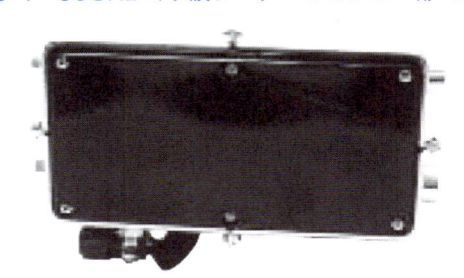

図 6-6-4　60GHz ミリ波レーダーのセンサー部（富士通テン株式会社）

注）電波吸収シートは、ある特定の周波数の電磁波を吸収するように設計されており、一般に -20dB（電力比で 1/100）以上の減衰量が期待できる。

図 6-6-5　60GHz ミリ波レーダー用平面アンテナの構造（富士通テン株式会社）

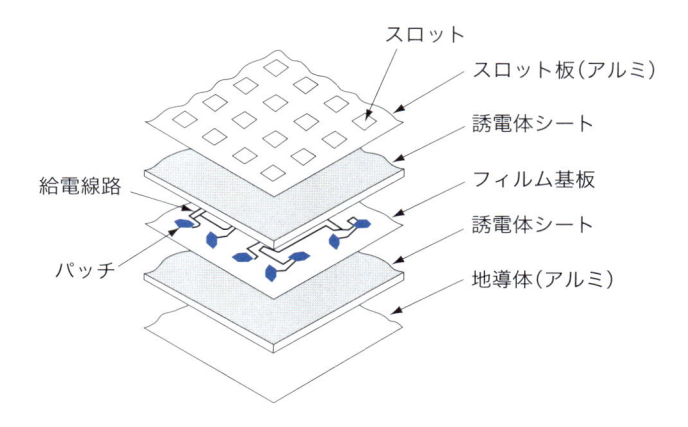

　図 6-6-6 は、**FM-CW**（Frequency-Modulated Continuous Waves）レーダー方式の動作原理ですが、上段はアンテナから放射される**三角波**（FM変調）です。実線は送信波、点線は前方車両から反射してアンテナで受信した受信波を表していますが、これらを混合して得られるビート信号周波数を中段に示しています。

　いま目標との距離に比例する距離周波数を f_R、目標との間の相対速度に比例する速度周波数を f_V とすると、ビート信号周波数 f_B はつぎの式で表されます。

$$f_B = f_R \pm f_V$$

ここでビート（うなり）信号とは、2つの異なる周波数の信号を混合したときに得られる、和または差の周波数の信号のことです。

ビート信号にはダウンビート f_{BD} とアップビート f_{BU} があります。

$$f_{BD} = f_R + f_V$$
$$f_{BU} = f_R - f_V$$

また f_R と f_V は、つぎの式で表されます。

図 6-6-6　FM-CW レーダー方式の動作原理（富士通テン株式会社）

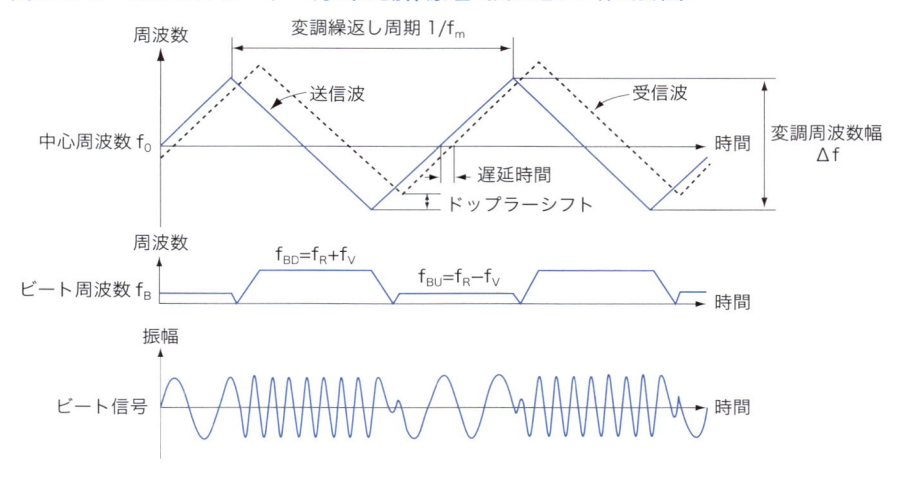

$f_R = 4・\triangle f・R・f_m / c$
$f_V = 2・f_0・V / c$

ここで、c：光（電磁波）の速度、f_m：三角波の変調周波数、f_0：中心周波数、$\triangle f$：三角波の変調幅です。

以上の式から、距離 R、速度 V は、つぎのようになります。

$R = (f_{BD} + f_{BU}) c / 8 \triangle f・f_m$
$V = (f_{BD} - f_{BU}) c / 4f_0$

ミリ波レーダーはビート信号周波数 f_{BU} と f_{BD} を計測しているので、これらから距離 R と相対速度 V が得られるというわけです[注]。

注）「ASV のミリ波レーダー」の項は、つぎの論文から各図を引用し、動作原理を示す式も本論文を参考にまとめました。
「60GHz 帯自動車用ミリ波レーダ」、山脇俊樹、山野眞市、富士通テン技報 Vol.15 No.2

6-7 快適な電波利用社会

●正しい電波利用社会

　各章を通して、ワイヤレスの世界は社会生活を便利にするさまざまな分野で役立っていることがわかりましたが、便利な用途が増えるにつれて使える電波の周波数が足りなくなってきました。

　アマチュア無線局の実験が始まった大正時代末期は、まだ国としての資格制度がなく「私設無線電信無線電話実験局」として扱われたおおらかな時代でしたが、もちろん現代はアマチュア無線局といえども、電波法に則った正しい運用が義務づけられています。

　電波法違反は現場を押さえられなければ捕まらないとばかり、定められた電力を超えた電波を発射する不法無線局があります。社会的地位のある有名人のオーバーパワーも散見されると聞きますが、快適な電波利用社会を守っていくためには、まずは利用する運用者に電波のルールを守ることが求められているのです。

●技適マークのない無線機器

　宇宙飛行士の毛利衛さんが「外国規格のものなど、**技適マーク**の付いてない無線機器の使用は要注意」「技適マークを確認し、電波環境を守りましょう」と呼びかけるテレビCMがありました。

　技適マークは、第4章 4-9節で述べたとおり「電波法に定める技術基準に適合していると認められる携帯電話端末、PHS端末などの小規模な無線局に使用するための無線設備（特定無線設備）」に付けられている認証のしるしです。これが付いた無線機器は、無線局の免許を受けないで使用できますが、例えば外国で購入した機器には技適マークが付いていないので、それを日本国内で使用すると電波法違反になります。

　技適マークがない機種でアマチュア無線局を開局する場合は、TSS（http://www.tsscom.co.jp/）に申請して保証認定を受ける必要があります。

6-8 進化を続けるワイヤレスの世界

●電子書籍端末

2011年10月にソニーが発売した**電子書籍端末**（Wi-Fi モデル）は、ワイヤレス LAN 経由で電子書籍を購入でき、KDDI（au）の3G携帯電話回線に対応しているモデルは Web も閲覧できます。こうなると iPad などのタブレット端末と変わらないようですが、目が疲れにくい**電子ペーパー**による表示は、電子書籍端末ならではといえます。

専用端末と多機能端末は使い分けられて両立するとの見方もありますが、IC チップが安価になったことで、ワイヤレス LAN の搭載はいずれの端末にも欠かせなくなるかもしれません。

●漫画を無料配信

手塚プロダクションは、半径約30メートルに絞ったエリアで、デジタル化した手塚治虫作品を配信する事業を始めました。漫画を発信する専用機器はアルファシステムズと加賀電子グループが開発し、店舗などの限られた場所で閲覧できるような環境をつくることで、集客のツールとして広がることが期待されます。

● TransferJet

TransferJet（トランスファージェット）は、ケーブルを使わずに転送したい機器にかざすだけでデータをやりとりする近接無線技術です。ソニーや東芝などの家電メーカーや通信会社が国際標準規格の認定をめざしており、図 6-8-1 のような TransferJet 規格対応の LSI が商品化されています。転送速度は最大 560Mbps、通信できる距離は数十 cm 以内ですが、1時間程度の動画を数秒で転送できる仕様です。

図 6-8-1　TransferJet 規格の LSI（ソニー株式会社）

図 6-8-2 はデジカメを携帯電話にかざして写真を転送している様子です。

図 6-8-2　かざすだけで画像データを転送

　また、専用ステーションをテレビやパソコンにつないで、デジカメや携帯電話を乗せるだけで瞬時に画像データを送り、大画面で再生したりパソコンに保存するといった使い方もできます。
　TransferJet は日本初の規格なので、国際標準になれば、より多くの機器に搭載されることになるでしょう。

6-9 ワイヤレス通信の近未来

●電波資源の有効活用へ向けて

ヘルツは1880年代、世界ではじめて電磁波の存在を実証し、**マルコーニ**の遠距離通信の成功を受けて、1900年代にはさらに多くの商用化に向けた実験が繰り広げられました。

黎明期には特に管理していなかった電波という貴重な資源も、今日のように周波数が足りなくなってくると、新たなワイヤレス通信システムに十分割り当てることができなくなってきました。

10GHz以上の周波数は未開拓といっていいほどですが、長距離の通信に向いていないことから、ほとんど空き状態が続いています。一方、アンテナの寸法が手頃で適度な通信距離も得られるVHFやUHF帯は超人気で、アマチュア無線に割り振られている帯域でさえも、稼働率が悪ければ狙おうという声が聞かれています。あわててQSO（交信）をはじめても遅いのかもしれませんが、ヘルツからわずか130年で、**電波資源**は枯渇してきているのです。

アマチュア無線の帯域が狙われるのは、場所や時間帯によっては稼働率が極めて低い現状がわかっているからでしょう。プロの通信でも、割り振られた周波数内で同じような状況が確認される場合、「使っていない時にはお借りしたい」というのが、電波を有効に利用する方法の1つでしょう。

図6-9-1は、**ヘテロジニアス型コグニティブ無線技術**の例を示しています。端末はいくつかのシステム（図ではA、B、C

図6-9-1　ヘテロジニアス型コグニティブ無線技術

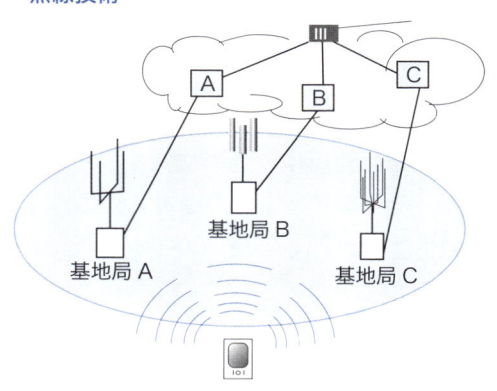

の3つ）に割り振られている周波数の電波が使われているかをセンシングして、使用できるシステムを見つけます。図では例えばAとBが使用可能であれば、必要に応じて1つまたは2つのシステムにつなげて通信を行うという方式です。なお、ヘテロジニアスとは「異機種の」という意味です。

もう1つは、図6-9-2に示す**周波数共有型コグニティブ無線技術**です。端末は、システムA、B、Cに割り振られていない空き周波数あるいは各システムに割り振られている周波数で使われていない時間をセンシングして、使用できるシステムを見つけます。そして、その周波数や空き時間を使って通信を行うという方式です。

図6-9-2　周波数共用型コグニティブ無線技術

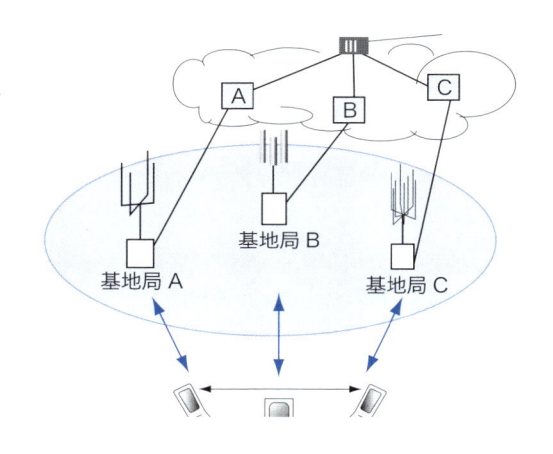

ヘテロジニアス型では、端末自身に使用可能なシステムをセンシングする機能が必要です。また周波数共有型では、端末自身が空き周波数と時間を見つけて、その周波数で端末間の通信を行いますが、これらの機能を基地局に導入することもできます。

コグニティブ（cognitive）とは知的という意味がありますが、これは各無線システムに割り当てられた周波数を変更することなく、無線機自身が電波の使用状況をセンシングすることで、電波資源の有効利用を図ろうという高度な技術です。

空き周波数の中にはテレビ放送の**ホワイトスペース**（6-2節）もありますが、実際に利用するためにはすべてのシステム間で調整するしくみが必要なので、そう簡単ではありません。しかし、**ユビキタス社会**を支えるワイヤレスの世界は、地球規模いや宇宙規模で一層の広がりをみせており、利用者に協調を促す一方で、さらに革新的な技術開発が求められているのです。

用語索引

ア行

アインシュタイン ………………… 51
アクセス・ポイント ………… 82, 147
アダプティブ・アレイ ……… 186, 188
圧縮 ………………………………… 136
アップリンク ………………… 109, 178
アナログ信号 ……………………… 72
アナログテレビジョン …………… 72
アナログ方式 ……………………… 155
アナログ放送 ……………………… 79
アノード …………………………… 55
アマチュア無線 ……………… 137, 182
アマチュア無線技士 …………… 144
暗号化 ………………………… 132, 152
暗号通信路 ………………………… 131
アンチコリジョン方式 …………… 177
アンテナ ……………………… 36, 87
アンペア …………………………… 10
アンペアの右ねじの法則 ………… 10
アンペアの法則 …………………… 29
アンペール ………………………… 10
イーサネット ……………… 58, 80, 162
位相速度 …………………………… 51
位相変調 …………………………… 68
イトカワ …………………………… 47
違法局 ……………………………… 145
違法無線局 ………………………… 139
イミュニティ ……………………… 86
インターネットVPN ……………… 131
インターフェースカード ………… 109
宇田新太郎 ………………………… 38
英国第7777特許 ………………… 42
エーテル ……………………… 14, 16
エジソン ……………………… 24, 44
エルステッド ……………………… 10
遠隔監視システム ………………… 120
遠隔測定法 ………………………… 118
遠隔方位測定設備 ………………… 141
オーバー・パワー ………………… 144
岡部金治郎 ………………………… 45
おサイフケータイ …………… 62, 154
オフィスの電波障害 ……………… 146
音声信号 …………………………… 66
音波 …………………………… 32, 66

カ行

開口面系 ……………………… 37, 39
回折 ………………………………… 194
回線終端装置 ……………………… 111
カソード …………………………… 55
可聴範囲 …………………………… 67
加入者網終端装置 ………………… 111
カプセル内視鏡 …………………… 117
カラー画像 ………………………… 70
ガリウム窒素 ……………………… 55
ガリウム砒素 ……………………… 55
感受性 ……………………………… 86
干渉回避技術 ……………………… 99
キー ………………………………… 152
帰還回路 …………………………… 43
技術基準適合自己確認 …………… 150
技術基準適合証明 ……… 139, 145, 150
技術適合試験 ……………………… 150
擬似ランダム雑音 ………………… 96
規制値 ……………………………… 88
基地局のアンテナ ………………… 151
技適 ……………………………… 139, 145
技適マーク ……………… 150, 183, 208

キャパシタンス	11, 23
キャリア	197
球面波	48
共振アンテナ	42
行列	189
ギルバート	10
近赤外線	92
金属対応タグ	63
空間	49
空中線電力	144
下り	159
屈折率	50
クラウド・コンピューティング	195
クラウド端末	196
グリッド	44
クロック信号	42
クロッシィ	158
クワッドバンド	156
携帯電話	55, 61, 151
経皮エネルギー伝送システム	116
ケーブルモデム	111
原子核	31
検出	59
コイル	10
公開鍵	132
公開鍵暗号系	132
高周波	68
光速	51
高速変調方式	122
交流	76
ゴースト障害	149
コードレス電話	95
コードレス電話の無線局	150
小型遠隔方位測定設備	142
国際電気通信連合	145
コグニティブ	212
コネクション型	81
コネクションレス型	81
コプレーナ線路	87
コリニア・アレー	186
混信	85
コンピュータ・ネットワーク	134

サ行

最大受信電力	48
再免許申請	144
雑音	67
サブミリ波	199
三角波	206
産業科学医療用バンド	95
三極真空管	44
サンプリング	78
シールド	87
磁界	16, 74, 148
磁界検出型のアンテナ	148
磁界ベクトル	29
自家中毒	87
時間枠	177
磁気エネルギー	19
磁気共鳴方式	114
指向性	151
磁束	11
周期	89
周波数	32
周波数共有型コグニティブ無線技術	212
周波数成分	89
周波数帳	135
周波数の違反	145
周波数偏移	85
周波数ホッピング	96, 100, 105, 106
受信信号	189
受信妨害	138
出力違反	144
小電力無線局	150
衝突防止	177
シリコンオーディオ	61
磁力線	10, 12, 16, 74, 76
人感センサー	92

人工心臓	116	線状アンテナ	38
進行波	148	専用回線	130
真性半導体	45	走査	73
振動電流	43	送受信用ICチップ	192
振幅位相変調	124	送信信号	189
水晶	42	増幅機能	44
水晶振動子	42	ゾーン	151
水晶発振回路	43	損失抵抗	52
水晶発振子	42		
スキャン	73		
スター型接続	128		
スプリアス	145	**タ行**	
スペクトル	89, 98	第1世代	155
スペクトル拡散	95, 106, 133	第2世代	155
スペクトル拡散キー	133	第3世代	156
スマート・アンテナ	186	第3.5世代	158
スマートグリッド	164	第3.9世代	158, 197
スマートフォン	136	第4世代	155, 158, 159, 197
スマホ	196	ダイオード	55
スループット	157	第3世代携帯電話方式	121
スレーブ	107	対称鍵暗号系	132
正孔	55	大西洋横断送信	34
整合	53	ダイバーシティ・アンテナ	112
静電気	40	ダイバーシティ方式	115
静電容量	11	ダイポール・アンテナ	148, 200
世界システム	24	タイムスロット	177, 178
世界標準化戦略	154	ダウンリンク	109, 178
赤外光LED	92	タグ	175
赤外線	81, 92	立ち上がり時間	89
赤外線通信	93	多チャンネル放送	136
赤外分光分析装置	92	縦波	32, 66
セキュリティ	109, 130, 134, 152	タブレット端末	196
セキュリティーキー	111	短距離無線通信規格	154
セクター・アンテナ	60	短波監視施設	143
絶縁体	45	地上デジタル放送	136
接合型トランジスタ	46	地デジ	84
接地系	37	超広帯域アンテナ	99
接地系アンテナ	21	超広帯域無線	98
セルラー・システム	60	超広帯域無線システムの無線局	150
センサー	115	超短波	33

超短波帯	67
長波帯	38
直接拡散	96
直線偏波	48
追突防止	205
通信規格	155
通信のセキュリティ	130, 132
通信プロトコル	166
ツリー型接続	128
定在波	82, 147, 148
データロガー	118
データ放送	136
デエンファシス	85
デジタル化	78
デジタル放送	79
デジタルマルチメーター	118
テスラ	24
テスラ・コイル	25
デューティ比	89
デューラス	140
テレコム・エンジニアリング・センター	150
テレビのしくみ	72
テレメトリー	118
電界	16, 26, 148
電界検出型のアンテナ	148
電界分布	146
電界ベクトル	29
電気エネルギー	19
電気事業者	181
電気振動	42
電気通信サービス	138
電気通信事業者	138
電気通信事業法	180
電気通信主任技術者	181
電気力線	16, 26
電源	40
電子	31, 55
電磁界シミュレータ	28, 74
電子書籍端末	209
電子署名	133

電磁波	16, 17, 26, 30, 32, 49
電磁波ノイズ	87, 88
電子ビーム	72
電子ペーパー	209
電磁妨害	86
電磁誘導	11, 18, 74, 113, 116
電磁誘導方式	63, 174, 176
電子レンジ	44
伝送線路	49
伝導電流	16
電波	31
電波インピーダンス	149
電波監視	140
電波監視システム	140
電波干渉	82
電波監理	140
電波吸収シート	82, 149
電波吸収体	147
電波資源	211
電波障害	136, 138, 146
電波の回折	193
電波の干渉	100
電波法	84, 99, 135, 137, 182
電波法違反	145, 208
電波方式	174, 176
電波法令集	137
電波利用料	140, 184
電離層	34
電力密度	48
電力を最大にする条件	52
同軸ケーブル	53, 84, 87
同軸線路	49
盗聴	95, 133
同調方式	41
導波管	49
特性インピーダンス	53
特定小電力無線局	183
ドット	70
共振れの理	20
トランシーバ・モジュール	93

トランジスター	44
トランス	25
トランスポートモード SA	131
トンネルモード SA	131

ナ行

内部抵抗	52
長岡半太郎	20
二極真空管	44
入射角	50
入力抵抗	52
入力電力	52
ヌル・ステアリング	187
熱電子	44
ネットショッピング	132
ネットワーク・アーキテクチャ	167
ノイズ	85
上り	159

ハ行

パーソナル無線	139
媒質	50
配線路	49
パケット	80, 110
パケットの衝突	59
波長	19, 32
ハッカー	130
バックアップ回線	109
発光ダイオード	55
波動インピーダンス	149
火花放電	18
はやぶさ	47
パラメータ	189
パルス	98
パルス波	79, 89
反射器	33

反射係数	53
反射波	148
ハンズフリー通話	104
ハンズフリー通話機	61
搬送波	66, 122
半導体	45
半導体素子	44
半導体レーザー	56
ビーム・ステアリング	187
光	31, 55
光の速度	16
光ピックアップ	57
光ファイバー	163
光ファイバー・ケーブル	50
ピクセル	70
微弱無線局	138
微小ループ・アンテナ	148
非接触 IC カード	62
非接地系	37
非対称鍵暗号系	132
火花放電	40
秘密鍵暗号系	132
標本化	78
ファクシミリ	69
ファックス	69
ファラデー	11, 75
ファラデーの電磁誘導	175
ファラデーの法則	11
フィラメント	44
フィルター	79
復元信号	189
符号分割多重接続	96
不純物半導体	45
物理処理層	167
物理層	172
物理チャネル	84
不導体	45
不法局	145
不法無線局探索車	142
不要輻射	89

ブラウン管テレビ ……………………	72
プラスの電荷 …………………………	31
プラチナバンド ………………	193, 199
プリエンファシス ……………………	85
プリント配線板 ………………………	89
プレート ………………………………	44
フレミング ………………………	41, 44
プロトコル ……………………	81, 131
平行線路 ………………………………	49
平行平板コンデンサー …………	15, 26
平面アンテナ …………………………	205
へき開面 ………………………………	56
ヘッドセット …………………………	61
ヘディ・ラマール ……………………	106
ヘテロジニアス型コグニティブ無線技術 211	
ヘルツ …………………………	17, 211
ヘルツ・ダイポール …………………	27
ヘルツの受波装置 ……………………	18
ヘルツの送波器 ………………………	18
ヘルツ発振器 …………………………	37
変圧器 …………………………………	25
変位電流 ………………………………	16
変調指数 ………………………………	85
偏波 ……………………………………	39
偏波損 …………………………………	48
妨害排除能力 …………………………	86
方向探知処理装置 ……………………	142
方向探知用アンテナ …………………	143
放射効率 ………………………………	52
放射抵抗 ………………………………	52
放射電力 ………………………………	52
防犯センサー …………………………	92
ホームシアター ………………………	100
ホール …………………………………	55
ホーン …………………………………	39
ボルタの電堆 …………………………	40
ホワイトスペース ……………	191, 212

マ行

マイクロストリップ線路 ……………	49
マイクロ波 ……………………………	92
マイクロ波通信 ………………………	39
マイクロフォン ………………………	66
マイナスの電荷 ………………………	31
マクスウェル …………………	12, 26, 49
マクスウェルの方程式 ………………	28
マグネトロン …………………………	45
摩擦電気 ………………………………	40
マスター ………………………………	107
マッチング ……………………………	53
マルコーニ ……………………	21, 33, 211
マルチパス ……………………………	149
マンチェスタ符号 ……………………	176
ミリ波 …………………………………	198
ミリ波 PLL チップ ……………………	200
ミリ波 SiP ……………………………	201
ミリ波レーダー ………………………	205
無線 IC タグ …………………	62, 154
無線 LAN ………………………………	59
無線 PAN ………………………………	61
無線局の免許 …………………………	182
無線局の免許期間 ……………………	144
無線センサーノード …………………	128
無線タグ ………………………………	62
無線電力伝送装置 ……………………	24
無損失材料 ……………………………	52
モース …………………………………	21
モールス ………………………………	21

ヤ行

八木・宇田アンテナ …………………	38
八木秀次 ………………………………	38
誘電体 …………………………………	50

誘電率	50
誘導コイル	23
誘導電流	193, 194
誘導放出	56
ユビキタス	60
ユビキタス社会	212
容量	23
横波	32

ラ行

ライデン瓶	18, 40
リーダ・ライタ	62, 74, 175
利得	48
リニア型接続	128
リモコン	92
量子化	78
ルーター	59, 109
レーザー光	56
レーザー測量機	57
レーザー治療器	57
レーザー・プリンター	57
レーザー・メス	57
レッヘル線	49
ログイン	134
ロケーション・レジスタ	151
ロッジ	42

ワ行

ワイヤレス	34, 36, 64
ワイヤレスLAN	36, 59, 82, 110, 126, 152
ワイヤレスTV	102
ワイヤレスTVデジタル	101
ワイヤレスUSB	97, 173
ワイヤレスWAN	109, 126, 130
ワイヤレス・イノベーション	64
ワイヤレスエンジン	127
ワイヤレスキーボード	108
ワイヤレス給電	114
ワイヤレスシアター	100
ワイヤレス充電	113
ワイヤレス生体情報モニター	115
ワイヤレス通信	35, 130
ワイヤレス・テレメトリー	128
ワイヤレス伝送	102
ワイヤレス電力伝送	76, 113
ワイヤレストランスミッター	94
ワイヤレス・ネットワーク	36
ワイヤレス・プリンター	112
ワイヤレスヘッドフォン	104
ワイヤレス防犯カメラ	103
ワイヤレスマイクロホン	94
ワイヤレスマウス	107
ワイヤレス・リモコン	36
ワイヤレス・ルーター	110, 152
ワンセグ放送	36

英数

ADSL	111, 163
A-D変換器	79
AirSense	120
AM	66
Android	196
AOSS	111
ASK	122
ASN	171
ASV	202, 205
AXGP	198
BCI	137
BCL	135
BLE	165
Bluetooth	61, 104, 126, 165
Bluetooth 2.0 Class2	108
Bluetooth LE	165
Bluetooth SIG	104, 165

Bluetooth レシーバー	107	HDR	122, 158
CATV	110	HSDPA	121, 157
CB	139	HSPA	109
CCD イメージセンサー	103	HSPA＋	157
CDMA	96, 121, 156	HTTPS	134
CDMA2000	96, 122, 157	Hz（ヘルツ）	32
CDMA 2000 1xEV-DO	158	IC タグ	174
cdmaOne	122	IEEE	105, 162
CRT	72	IEEE 802.11	105, 162
CSMA/CA	59, 169	IEEE 802.11a	162, 169
CSMA/CD	59, 169	IEEE 802.11ac	191
CTU	111	IEEE 802.11ad	191, 199
D-A 変換	79	IEEE 802.11af	192
DEURAS	140	IEEE 802.11ah	192
DEURAS-D	141	IEEE 802.11b	162, 169
DEURAS-H	143	IEEE 802.11g	162, 169
DEURAS-M	142	IEEE 802.11n	101, 162, 191
DEURAS-R	142	IEEE 802.15.1	165
EDR	108	IEEE 802.15.4	127, 164
EIRP	48	IEEE 802.15.4g	165, 190
Electric field	16	IEEE 802.16e	163
EMC	86	IEEE 802 委員会	190
EMI	86	IH（電磁）調理器	193
EMS	86	IMT-2000	122, 197
ETC	202, 203	In phase	125
EV-DO	158	iOS	196
FAX	69	IP	166
FCC	173	iPhone	113
FDD	159	IPsec	131
FeliCa	62	IPsec ゲートウェイ	131
FM	67	IP アドレス	192
FM-CW	206	IP 層	131
FM 放送	84	IP ヘッダ	131
FSK	122	IQ 軸	125
F（ファラッド）	11	IQ 平面	125
GaAs	55	IrDA	55, 130
GaN	55	IrDA 規格	92
GIF	71	ISM バンド	95
GSM	155	ISO	166
HDMI	101	ITS	136, 202

ITU	121, 145, 159	SA	131
I 相	125	SDM	188
JAXA	47	SDMA	187, 188
JPEG	70	SIM カード	155
LAN	58, 80	SIM ロック	156
LC 共振回路	41	S/MIME	134
LED	55	SSH	134
LLC	172	SSID	111
LTE	121, 158, 197	SSL	134
LTE-Advanced	121, 159, 197	SSL/TSL	134
MAC 層	172	SUN	165
Magnetic field	16	Super3G	158
MIMO	157, 188, 191, 197, 199	TCP	166
MMIC	200	TCP/IP	81, 134, 162
MPEG2	73	TDD	159, 178, 198
NC	196	TD-LTE	159
Network Computer	196	TDMA	178
NFC	154	TDMA/TDD	178
NRZ 符号	176	TD-SCDMA	159
NSP	171	TELEC	150
n 型半導体	45	TELEMOT	120
OFDM	163, 191, 199	TransferJet	209
ONU	111	Ts Digital Multi Meter Viewer	119
OSI	166	TVI	137
PC Link Plus/PC Link	119	UHF 帯	62, 136
PDA	61	UMB	158
PFC	199	USB ポート	107
PGP	134	UWB	61, 98, 173
PHS	151, 178, 186, 198	VCCI	88
PM	68	VCO	199
pn 接合ダイオード	55	VHF 帯	136
PSK	122, 152	VICS	202
p 型半導体	46	VPN	109, 130
QAM	191	WAN	59
Qi	113	W-CDMA	96, 121, 122, 156
Quadrature phase	125	WEP	152
Q 相	125	WHDI	102
RFID	174	Wi-Fi	190
RFID タグ	174	WiMAX	36, 87, 126, 162, 171
RGB カラーモデル	70	WiMAX2	121, 159, 197

用語索引

221

WPA2-PSK	152
WPAN	61, 164
WPA-PSK	152
WPC	113
XFdtd	28
XGP	198
Xi	158
ZigBee	61, 120, 127, 164, 172
ZigBee Alliance	127, 164
2.45GHz	62
2G	122
3.5G	121
3.9G	121
3G	122
3GPP	121
3G ワイヤレス WAN	109
4G	99, 121, 155
5.8GHz	204
13.56MHz	62, 74, 154
16QAM	125, 163
16QAM 変調方式	157
50 Ω	53
60GHz	205
60GHz 帯	199
64QAM	191
64QAM 変調方式	157
256QAM	191
377 Ω	149
900MHz 帯	62

●参考文献

John D. Kraus: ANTENNAS Second Edition, McGRAW-HILL, 1988
Hiroaki Kogure, Yoshie Kogure, and James Rautio: Introduction to Antenna Analysis Using EM Simulators, Artech House, 2011
Hiroaki Kogure, Yoshie Kogure, and James Rautio: Introduction to RF Design Using EM Simulators, Artech House, 2011
宇田新太郎,『新版 無線工学I 伝送編』, 丸善株式会社, 1981, 第3版
徳丸 仁,『電波技術への招待』, 講談社ブルーバックス, 1978
山崎岐男,『天才物理学者 ヘルツの生涯』, 考古堂, 1998
Keith Geddes, 岩間尚義訳,『グリエルモ・マルコーニ』, 開発社, 2002
Steve Parker, 鈴木 将訳,『世界を変えた科学者 マルコーニ』, 岩波書店, 1995
後藤尚久,『図説・アンテナ』, 社団法人電子情報通信学会, 1995
石井聡,『無線通信とディジタル変復調技術』, CQ出版社, 2010
市川裕一,『はじめての高周波測定』, CQ出版社, 2010
原田博司,『電波資源の有効利用を目指すコグニティブ無線技術』, 電子情報通信学会誌, 2011.1
常深信彦,『発光ダイオードが一番わかる』, 技術評論社, 2010
小高知宏,『TCP/IPで学ぶネットワークシステム』, 森北出版, 2006
小暮裕明・小暮芳江,『電波とアンテナが一番わかる』, 技術評論社, 2011
小暮裕明・小暮芳江,『すぐに役立つ電磁気学の基礎』, 誠文堂新光社, 2008
小暮裕明・小暮芳江,『小型アンテナの設計と運用』, 誠文堂新光社, 2009
小暮裕明・小暮芳江,『電磁波ノイズ・トラブル対策』, 誠文堂新光社, 2010
小暮裕明・小暮芳江,『電磁界シミュレータで学ぶ アンテナ入門』, オーム社, 2010
小暮裕明・小暮芳江,『[改訂] 電磁界シミュレータで学ぶ高周波の世界』, CQ出版社, 2010
小暮裕明・小暮芳江,『すぐに使える 地デジ受信アンテナ』, CQ出版社, 2010
小暮裕明,『電気が面白いほどわかる本』, 新星出版社, 2008
小暮裕明,『電磁界シミュレータで学ぶ ワイヤレスの世界』, CQ出版社, 2007, 第3版
小暮裕明,『オープン・システム入門教室』, CQ出版社, 1992
RFワールド, No.1〜No.16, CQ出版社, 2008〜2011
アンテナ工学ハンドブック, 電子通信学会(現・電子情報通信学会)編, オーム社, 1980

■著者紹介

小暮　裕明（こぐれ　ひろあき）
小暮技術士事務所（http://www.kcejp.com）所長
技術士（情報工学部門）、工学博士（東京理科大学）、特種情報処理技術者、電気通信主任技術者
1952年　群馬県前橋市に生まれる
1977年　東京理科大学卒業後、エンジニアリング会社で電力プラントの設計・開発に従事
2004年　東京理科大学講師（非常勤）現在、コンピュータ・ネットワーク、他を担当
現在、技術士として技術コンサルティング業務、セミナ講師等に従事

小暮　芳江（こぐれ　よしえ）
1961年　東京都文京区に生まれる
1983年　早稲田大学第一文学部中国文学専攻卒業後、ソフトウェアハウスに勤務
1992年　小暮技術士事務所開業で所長をサポートし、現在電磁界シミュレータの英文マニュアル、論文、資料などの翻訳・執筆を担当

● 装丁　　　　　　中村友和（ROVARIS）
● 編集＆DTP　　　株式会社エディトリアルハウス

しくみ図解シリーズ
ワイヤレスが一番わかる

2012年5月10日　初版　第1刷発行

著　　者　　小暮裕明・小暮芳江
発　行　者　　片岡　巌
発　行　所　　株式会社技術評論社
　　　　　　　東京都新宿区市谷左内町 21-13
　　　　　　　電話
　　　　　　　　03-3513-6150　販売促進部
　　　　　　　　03-3267-2270　書籍編集部
印刷／製本　　株式会社加藤文明社

定価はカバーに表示してあります。

本書の一部または全部を著作権法の定める範囲を超え、無断で複写、複製、転載、テープ化、ファイル化することを禁じます。

©2012　小暮裕明　小暮芳江

造本には細心の注意を払っておりますが、万一、乱丁（ページの乱れ）や落丁（ページの抜け）がございましたら、小社販売促進部までお送りください。　送料小社負担にてお取り替えいたします。

ISBN978-4-7741-5011-6　C3055

Printed in Japan

本書の内容に関するご質問は、下記の宛先まで書面にてお送りください。お電話によるご質問および本書に記載されている内容以外のご質問には、一切お答えできません。あらかじめご了承ください。
〒162-0846
新宿区市谷左内町 21-13
株式会社技術評論社　書籍編集部
「しくみ図解シリーズ」係
FAX：03-3267-2271